U0894841

学习型员工·素质工程教研中心◎编著

Zheyang De Zhiye Nüxing Shou Huanying

这样的职业女性受欢迎

受欢迎的女性犹如职场的太阳，照到哪里哪里亮！

是做一名默默无闻的普通上班族，还是做一名游刃有余的职场女性？命运由你自己主宰！

十大诀窍，百种经典，汇聚万千女性职场精粹，剖析现象背后别人不愿告诉你的现代职业女性成功感悟！

企业管理出版社
ENTERPRISE MANAGEMENT PUBLISHING HOUSE

图书在版编目（CIP）数据

这样的职业女性受欢迎／学习型员工·素质工程教研中心编著．--北京：企业管理出版社，2016.1

ISBN 978-7-5164-1125-4

Ⅰ.①这… Ⅱ.①学… Ⅲ.①女性－修养－通俗读物 Ⅳ.①B825-49

中国版本图书馆 CIP 数据核字（2015）第 219339 号

书　　名：这样的职业女性受欢迎
作　　者：学习型员工·素质工程教研中心
责任编辑：周灵均　田　天
书　　号：ISBN 978-7-5164-1125-4
出版发行：企业管理出版社
地　　址：北京市海淀区紫竹院南路 17 号　　邮编：100048
网　　址：http：//www.emph.cn
电　　话：总编室（010）68701719　发行部（010）68701816　编辑部（010）68701408
电子信箱：80147@sina.com
印　　刷：北京柯蓝博泰印务有限公司
经　　销：新华书店
规　　格：170 毫米×240 毫米　16 开本　14.25 印张　140 千字
版　　次：2016 年 1 月第 1 版　2016 年 1 月第 1 次印刷
定　　价：35.80 元

前言

错综复杂的职场构成了职业女性丰富多彩的现实世界。成为职场受欢迎的人是我们每个女性的心愿与梦想。作为个体，没有哪个女性不渴望受关注、受尊重、受欢迎。然而，一个女性是否受欢迎，取决于自身的人格魅力、与人相处的能力、良好的心态与说话办事的技巧等诸多因素的制约。

一个受欢迎的职业女性需要有良好的修养。女人都希望自己漂亮，但是漂亮女人人们未必都喜欢。因为对女人而言，有比漂亮更重要的东西，那就是修养。文明的举止足以替代金钱的作用，有了它就像有了通行证一样，可以畅通无阻。有修养的女人即使外表并不特别美丽，但由于她通晓各种礼仪，精心“包装”自己，就会让她有一种超凡脱俗的优雅气质；这样的女性，无论在什么场合，都会展现出她与众不同的风情，深受大家的喜爱。

一个受欢迎的职业女性需要谈吐睿智。一个会说话的女人，总能流利地表达出自己的意图，也能够把道理说得清楚、动听，使别人很乐意接受。有时候她们还可以立刻从问答中测定对方言语的意图，并从对方的谈话中得到启示，增加自己对对方的了解，跟对方建立良好的友谊。

一个受欢迎的职业女性要能与他人和谐相处，人缘好的人在工作中最受欢迎。一个对人平等、不亢不卑、永远有一张亲切笑脸的女人谁不喜欢？不管你从事哪个行业，只要你拥有很好的人际关系，再加上你的能力，想取得很好的业绩并不是难事。

一个受欢迎的职业女性要忠诚敬业，忠诚敬业会让你赢得同事的尊敬和老板的赏识。千万不要认为只要准时上下班就是完成工作了，就可以心安理得地去领工资了。其实，工作首先是一个态度问题，工作需要热情和行动，工作需要努力和勤奋，工作需要一种积极主动、自动自发的精神。只有做到了这一点，才有可能做出成绩。

一个受欢迎的职业女性必须善于学习，要表现得成熟机智，不断地充实自己、修炼自己，修炼学识、修炼人格、修炼文化，提高自己的内在修养，让自己有美丽的心灵、高尚的品格、丰富的内涵，从里到外散发出动人的光芒！

一个受欢迎的职业女性最懂得感恩，她的心态积极、乐观、向上，不颓废、不放纵、不怨天尤人，她善良温和，有一颗包容的心，她拥有独立的思想和人格，对事物有自己的看法和见解，从来不人云亦云。

总之，做一个最受欢迎的职业女性，应该具备的、需要做到的很多。每个职业女性理解了这一点，就会体会到做职业女性的乐趣。因此，我们特意编写了本书。本书以女人的视角，分别站在不同的角度，从分析最受欢迎的职业女性应该具备的关键素质入手，详细阐述了职场女性如何去做才能成为最受欢迎的人。本书是职业女性成长的礼物，优秀员工信奉的职业操守，适合渴望在职场取得成功的广大员工学习。只要你能做好本书所说到的这些，你就能成为最受欢迎的女人。

第一章 彬彬有礼，优雅端庄的女性引人注目

一位职业女性的修养体现在道德风范、知识修养、心理素质、仪表风度等多方面。富有修养的女性，即使外表并不特别美丽，但由于她通晓各种礼仪，就会让她有一种超凡脱俗的优雅气质；富有修养的女性，无论在什么场合，都会展现出与众不同的风情，受到大家的欢迎。

1. 知书达礼是女性的职业名片 / 002
2. 精心装扮，塑造职业女性的风格 / 005
3. 良好的仪态让女性的一举一动赏心悦目 / 009
4. 迎送有礼，掌握日常的待客细节 / 014
5. 时尚优雅能让女性别具魅力 / 017
6. 温和宽容的女性人人喜欢 / 020

第二章 睿智谈吐，能言会道的女性最受大家欣赏

懂得说话技巧的女性，处处都会受人欢迎。我们天天在说话，

并不意味着人人都会说话。在职场上，也许一件很普通的小事，由于说话的水平不同，所获得的效果和回报也大不相同。有时候一句话可以化干戈为玉帛，一句话也可以让朋友变成仇人；一句话可以功败垂成，一句话更可以改变人生。因此，怎样把话说到位，选择什么样的时机说话等，都要讲究技巧。

1. 称呼得当，传达女性的优雅风度 / 026
2. 多谈论令人愉悦的话题 / 030
3. 懂得赞美为女性锦上添花 / 034
4. 言语幽默，机智巧妙地化解尴尬 / 037
5. 做个好听众，尊重别人发表意见的权利 / 041
6. 管住自己的嘴，不要做职场八卦女郎 / 044

第三章　人际和谐，亲和力强的女性就是职场“万人迷”

职业女性随时保持与上司、同事、下级的良好关系，对于正常开展工作，对于走好自己的职场道路十分重要。不管你从事哪个行业，只要你拥有良好的人际关系，再加上你的能力，你想取得很好的业绩并不是难事。因此，我们必须尽力去保持人际和谐，否则只能在职场道路上跌跌撞撞。

1. 甜美的微笑可以拉近人与人的距离 / 050
2. 理解他人，做个善解人意的职业女性 / 053
3. 尊重上司，不可当众指责或反驳 / 057
4. 把握分寸，处好同事关系 / 061
5. 学会委婉，拒绝他人讲究艺术 / 064
6. 轻松应对他人的排挤 / 068

第四章 忠诚敬业，尽职尽责的女性让人尊敬让人爱

职业女性要想事业有成，就要树立忠诚敬业精神。忠诚敬业会让你敢于承担更大的责任，积极主动地为公司发展出力流汗，做出优异的成绩，这样自然会得到老板的重用，并将你培养成公司的顶梁柱。忠诚敬业会让你的人格变得高尚，赢得同事的尊敬和老板的赏识。这些都是在向你未来的成功和辉煌积极地迈进。

1. 树立主人翁意识，做个爱企如家的职业女性 / 072
2. 积极进取，主动担当重任 / 075
3. 重视细节，认真做好每个环节 / 079
4. 忠诚企业，出卖机密的事情做不得 / 082
5. 公私分明，上班时间让私事靠边站 / 086
6. 每天晚走一会儿，比别人多做一点 / 089

第五章 诚实守信，品行端正的女性是最值得信赖的人

诚信工作是女性的优势。人这一生，可以没有金钱而过得清贫，可以没有美丽而普通，可以没有荣誉和权力而平凡，但不可以没有诚信。诚信是一种心灵的美丽、是一种精神的魅力。只有诚实守信，才能够赢得他人的信赖和敬重，让老板乐于接纳。一个没有诚信的人，在这个世界上会寸步难行，没有前途。

1. 诚信是职场取胜的法宝 / 096
2. 做事先做人，培养诚信的价值观 / 099
3. 言必信，行必果 / 102
4. 以你的真诚去换取别人的真诚 / 105
5. 踏实肯干，塑造诚信的职业口碑 / 108
6. 恪守信约，成为值得信赖的职业女性 / 110

第六章 聪明能干，执行力强的女性才能出类拔萃

工作中，职业女性必须遵守纪律、服从命令，一切行动听指挥。这就意味着面对一项任务，必须要严格执行，而不是自行其是，另搞一套！许多成功的人，都是因为养成了良好的执行习惯，才在工作中有完美的表现。因此，职业女性一定要增强执行力，只有这样才对得起自己的努力和热情，才不会给工作留下遗憾。

1. 学会服从，聪明女性不擅自替上司做决定 / 116
2. 遵循工作流程，第一次就把事情做对 / 119
3. 立即行动，做一个有行动力的职业女性 / 121
4. 落实到位，保证完成每个任务 / 124
5. 追求完美，一丝不苟地做好工作 / 127
6. 赢在执行，不找借口不打折扣 / 130

第七章 效率至上，业绩突出的女性最受单位欢迎

职业女性高效率地完成工作后能获得更多的肯定，也能够获得更多的赞美。在企业中，考核员工的标准只有一个，那就是你的工作业绩。你有出色的业绩，老板都会看在眼里、记在心里。唯有业绩才能体现一个员工的价值。对于职业女性来说，没有业绩，其他一切都没有说服力。

1. 拿业绩说话，不做低效的职业女性 / 134
2. 勇于创新，为公司增值 / 137
3. 多动脑筋，注重工作方法 / 139
4. 主动解决工作中的问题 / 142
5. 分清工作目标，定好工作计划 / 144
6. 今日事今日毕，拒绝拖延 / 148

第八章 谦虚好学，进取上进的女性处处都受人喜欢

工作能力的强弱，是一个职业女性本身素质的反映，它所涉及的不仅仅是素质的一个方面，而是全部，这里既有性格的因素，也有先天的因素，但更多的还是靠后天的学习和培养。作为一名员工，只有努力学习提高自己的工作能力，才能独当一面，才能在群体中受人欢迎。

1. 善于学习，好文凭仅是职业女性的开始 / 154
2. 紧跟时代潮流，善用电子商务 / 157
3. 业精于专，塑造核心竞争力 / 159
4. 谦虚好学，在工作中提高自己 / 162
5. 博览群书，增长各种各样的知识 / 165
6. 活到老学到老，每天充电 30 分钟 / 168

第九章 重视团队，不做“独行女”孤立自己

职业女性的优势是善于合作。一个团队不能少了女性，男女搭配，干活不累。团队中，有了女性的存在，这个团队更有拼劲、有干劲、有力量。只有深刻认识到这一点，时刻把自己融入到团队中，才能成为一个优秀的员工，才能成为公司中不可替代的人才，从而成就自己的辉煌事业。

1. 团队合作，众人拾柴火焰高 / 174
2. 融入团队，争取大家的认同 / 177
3. 不要把情绪带到团队中来 / 179
4. 重视沟通，提高团队凝聚力 / 183
5. 懂得分享，不独占团队成果 / 186
6. 服从大局，做一个有团队精神的职业女性 / 189

第十章 懂得感恩，沉稳有内涵的女性人人欢迎

感恩可以让世界充满温馨的气息，让生活充满明媚的阳光。快乐是在内心，而不是外表。拥有一颗懂得感恩的心是职业女性通向快乐之门的钥匙。懂得感恩不仅会工作得更加愉快，而且所获帮助也更多，工作也更出色。

1. 感恩工作，不做自怨自艾的“林妹妹” / 194
2. 敢于担当，活出职业女性的自信和尊严 / 197
3. 珍惜与异性正常的工作关系，保持适当距离 / 200
4. 乐于助人，积攒社会的正能量 / 203
5. 克服虚荣心，不攀不比 / 206
6. 学会知足，保持阳光心态 / 211

附　录 测一测你的职场受欢迎程度

第一章

彬彬有礼，优雅端庄的女性引人注目

一位职业女性的修养体现在道德风范、知识修养、心理素质、仪表风度等多方面。富有修养的女性，即使外表并不特别美丽，但由于她通晓各种礼仪，就会让她有一种超凡脱俗的优雅气质；富有修养的女性，无论在什么场合，都会展现出与众不同的风情，受到大家的欢迎。

1.

知书达礼是女性的职业名片

职业女性与礼仪有着千丝万缕的联系。礼仪宛若女性身上的一件华服，为女性平添了无尽的魅力。得体的礼仪是职业女性受欢迎的根基所在。这就体现在女性彬彬有礼、落落大方的礼仪之间，浸透于职场生活的每个角落，它并不夺人眼目，却有着磁铁般的吸引力，散发出幽远而诱人的气味，从而使一个平凡的女性也能在职场生活中展现出持久的魅力。

礼仪让职业女性更成熟、更优雅、更有魅力，是女性的职业名片。一位女性的优雅气质，是道德风范和仪表风度等多方面的综合体现。这样的女性有优雅的步态、迷人的举止，以及她飘然而过时的淡香气味，都显示出她与众不同的风情，让人欣赏和喜欢。

有一位先生要雇一名女秘书，为此，他在报纸上登了一则广告。广告登出之后，有50多人前来应聘，但这位先生只挑中了一个小姑娘。

这个结果被这位先生的一位朋友知道了，他问这位先生：“我想知道，你为何喜欢那个小姑娘，她既没带一封介绍信，也没受任何人的推荐。”显然，他觉得结果不可思议。

“你错了，”这位先生说，“她带来许多介绍信。她在门口蹭掉脚下带的土，进门后随手关上了门，说明她做事小心仔细：当看到一位残疾老人时，她立即起身让座，表明心地善良、体贴别人；进了办公室先脱去围巾，回答问题干脆果断，证明既懂礼貌又有教养。”

这位先生接着说：“其他人都从我故意放在地板上的那本书上迈过去，而这个小姑娘俯身捡起那本书，并放回桌子上。当我和她交谈时，我发现她衣着整洁，头发梳得整整齐齐，指甲修得干干净净。难道你不认为这些细节是极好的介绍信吗？我认为这比介绍信更为重要。”

★★★★★

有礼走遍天下，一个优雅的女子，在任何地方都是受人欢迎的。礼仪直接体现了一个人的思想道德水平、文化修养和处世交际能力，对个人工作和生活的顺利与否有着重要的影响，尤其在中国这个以“礼仪之邦”著称的国家里，礼仪已经如血液一般渗透在人们生活的方方面面，以至于人们往往凭礼仪上的短暂印象来判断一个人是否值得交往。做人一定要谦虚，懂礼仪。懂礼仪是职业女性所必备的素质，也是实现梦想、成就一番事业的关键因素。作为刚参加工作的新人，所需要的就是一步一个脚印，平和沉稳，做事踏实认真，只要这样，走遍天下都受欢迎。要记住，无论是哪个老板，都喜欢懂礼仪的员工。

★★★★★

在一辆公共汽车上，一个男青年吐了一口痰，女乘务员看到后，有礼貌地对他说：“同志，为了大家有个清洁的乘车环境，请你不要随地吐痰。”没想到，那个男青年不但没有认错，反而破口大骂起来，然后又狠狠地朝着地面连续吐了三四口痰。乘务员气得一句话也说不出来，乘客们看不下去了，纷纷谴责那个男青年。男青年的同伴趁机起哄，骂乘客好管闲事。这时候，有人站出来让司机把车开到派出所去，没想到乘务员平静地对大家说：“没什么的，请大家坐到座位上，以免车在行进的过程中有人摔倒。”说完，从她衣兜里拿出手纸，弯下腰将地上的痰擦干净，扔到了垃圾桶里。看到这个举动，大家都愣住了。男青年和他的同伴也不好意思起来，车到站后还没有停稳，他们就急急忙忙地跳下车，并对乘务员说："大姐，我们服你了！"

看，这就是礼仪的力量。礼仪一旦融入到女性血脉中，会让女性在不着痕迹之处展现自己的良好素质，流露出内在的修养，显示出优雅的气质。现代社会，礼仪是个人、组织外在形象与内在素质的集中体现。于个人来讲，礼仪既是尊重别人同时也是尊重自己的体现，在个人事业发展中起着重要作用。它能提升人的涵养，增进了解沟通，细微之处显作用。对内可融洽关系，对外可树立形象，营造和谐的工作和生活环境。在工作中，不是只具备能力和勇气就行，懂得礼仪规则才能做好每个环节。因此，知礼守礼的职业女性最受欢迎。讲礼仪是职业女性做人、做事的基础，也是现代社会发展对员工提出的要求。

于桐是某公司的员工，有一天，她到财务部窗口领工资。在等候的时候，她把手中捏着的一张无法报销的票据揉成一团，随手扔在地上。恰巧此时有位顾客来财务部交定金，顾客看到于桐把纸团扔在地上，心里不由得想："这个公司的员工如此行事，他们做的东西质量会好吗？售后服务会有保障吗？我还是先别交定金了吧，回去再斟酌斟酌。"

和顾客同时看到这一幕的，还有生产部经理和几位外商，当时经理陪着几位外商在参观公司，路过这里，地上的纸团没有逃过他们的眼睛。结果外商指着那纸团问经理："贵公司用这样的员工，能做出符合质量要求的产品吗？"

就这样，一个本来不费吹灰之力便能扔到垃圾桶里的废纸，导致公司失去了数百万元的订单。

在职场中，职业女性的行为举止不仅仅代表着你本人，还代表着你为之工作的部门、你的部门所属的公司、你的公司所属的集团甚至代表你集团所属的地区以及我们的国家。这是因为职场礼仪是企业形象、文化、员工修养素质的综合体现，只有做到有礼有节，才能使企业在形象塑造、文化表达上提升到一个更高的水平。俗话说“礼多人不怪”。懂礼、知礼、行礼，不仅不会被别人厌烦，相反还会使别人尊敬你、认同你、亲近你，无形之中拉近了你与他人的心理距离，也为日后合作共事创造了宽松的环境；反之，若不注重这些问题，犯了“规矩”，就可能使人反感，甚至会使关系恶化，合作的机会就会更少。

2. 精心装扮，塑造职业女性的风格

常言道：“佛靠金装，人靠衣装。”走在熙来攘往的人群里，那些打扮时髦的女性，漂亮新潮的穿着会使人眼前一亮，而那些职业女性，高雅脱俗的装扮会引来欣赏的目光，服装与她们融为一体。精心的装扮是职业女性传递给别人的强烈的信号，同时，服装也是一种有力的沟通工具，它用一种非语言的方式让我们顺利地与人进行交流。比如说，雅致、端庄的服饰表示你对他人的尊敬，邋遢不洁的着装则表示你的不恭和轻视。在职场上，女性的服饰不仅体现着个人的形象，也代表着一个人的内在精神状态。因此，着装的成功与否决定了职业女性在各种社交场所得到的待遇是友好还是对立。毫不夸张地说，服装也是帮助我们走向事业巅峰的一种工具，因此，倘若你对自己的穿着毫不在意，那么，服装也会拉住或减缓你前进的步伐，甚至让你转而走向失败。

小萍是一个专业技术过硬的女工程师，她曾经被公司誉为“能力小姐”。为了事业的拓展，她又前往另一家知名的大企业应聘。小萍虽然能力很强，却常常不注重打扮，在面试中表现得很邋遢，结果，她失去了一个渴望已久的工作机会。

不久，她又收到另一家大公司的面试通知，接受了上次的教训，她请一位做形象设计的朋友帮她分析失败的原因。最终意识到问题出在自己的服装上，她面试的服装，是一套黑色的西服套装，而且样式也早已过时，穿着这套衣服，无形中给她的内心造成了很大的压力。她的朋友告诉她：“穿着这样的衣服去面试，纵然你再自信，也会下意识地表现得神不守舍，缺乏底气。你的技术再好，可你缺乏自信的表现，再加上这套早该淘汰的服装，会给别人留下很多疑问。比如，你是个真正优秀的人，还是只是幸运地答对了所有的问题?”

当她第二次去面试时，朋友帮她精心挑选了一套适合她肤色和身材的深蓝西服套裙，样式简单流畅，裁剪得体，做工精细，质地优良。穿上这套衣服，小萍看着镜中的自己，也觉得眼前一亮，感到从未有过的自信。最终，她顺利地得到了这份工作，面试她的经理在雇用她后说：“从你一进门，你的外表和自信的神态就让我感到你能够胜任。”

穿衣打扮是每个职业女性的职场必修课，因为优雅、美丽、自信、快乐的职业女性才是真正幸福的职业女性。任何一个女性，只要她愿意，不管高矮胖瘦都可让自己显得美丽。因为世界上没有一个女性的身材是十全十美的。那些舞台或是生活中比较出众的职业女性，都是通过巧妙的穿衣打扮来展示自己的美的。职业女性都是服饰大师。因为她们都懂得美丽的服饰胜过一切。生活，不能没有艺术，而服饰艺术无疑在这一时代已然成为人们关注的焦点，使得服装潮流后浪推前浪地迅猛发展，服装的表现内容和表现风格更加丰富，服装款式更是不断更新。职业女性无疑站在了这潮流的最前端。

一般说来，职业女性着装时应遵循一个大家公认的“TOP 原则”，它既是有关穿着、打扮的重要原则，也是服饰礼仪的基本原则。

T 即是时间（Time），O 是场合（Occasion），P 是地点（Place）。其含义是要求人们在穿着打扮的时候，必须统筹兼顾，同时考虑到时间、场合、地点这三大要素。

T 原则即时间原则，是指在不同的时代、不同的季节、不同的时间应穿着不同的服装。在不同时代，流行的服装样式也各不相同，若不合时代地乱穿衣，便会闹出笑话来。穿衣也要考虑到季节的变换，若在深秋时节穿一件无袖轻薄的连衣裙，大概真是美丽“冻”人，但很难给人留下美感。同时，穿衣还要考虑到早晚时间的因素，一般有日装与晚装之分。日装要求轻便、舒适，便于活动，而晚装则要求艳丽、华贵、珠光宝气，晚礼服能起到烘托气氛、加强人际交往的效果。

O 原则即场合原则，是指服装应与当时当地的气氛融洽、协调。上街不可穿居家服、睡衣睡裤；上班时不能穿得过于艳丽、裸露；探亲访友着装应沉稳；去医院看望病人，穿着应大方得体。合适的场合，穿着合适的服装，才能得到大家的认可和欣赏。

P 原则即地点原则，是指不同的工作环境，不同的社交场合，着装要有所不同。在商务场合的谈判桌上，必须穿着正式的职业套装，在工作以外的环境就可以换一套休闲装，让自己的身心得到彻底的放松。

服饰 TOP 原则的三要素是相辅相成、互相贯通的。在社交活动中，总会处于一个特定的时间、场合、地点中。职业女性在出门前认真地考虑一下，合适的装扮才是社交成功的开端。法国时装设计师夏奈尔也曾说：“当你穿得邋邋遢遢时，人们注意的就是你的衣服；当你穿着无懈可击时，人们注意的是你本人。”莎士比亚说：“外表显示人的内涵。”在公司里，人们在判断一个人时，不光看才华，还看衣着。穿着不仅是人们职业生涯的一种道具，更是通向成功之路的一张名片。当然，一个职业女性的成功并不完全，甚至也不首先取决于她怎样穿衣服，但着装是多数女性成功的一个重要因素。研究表明，倘若一位女性为了取得成功而刻意着装，她并不一定会真的取得事业上的成功，但如果她穿着打扮糟糕或者不当，那她肯定会失败。

此外，职业女性一定要重视自己的外貌、发型、妆容、服饰的色彩与款式、配饰等。良好的外貌形象可以表现出你对生活的态度，得体的衣饰也可以使别人看出你的审美修养。英国女王在给威尔士王子的信中曾写道："穿着显示人的外表，人们在判定人的心态，以及对这个人的观感时，通常都凭他的外表，而且常常这样判定，因为外表是看得见的，而其他则看不见，基于这一点，穿着特别重要……"其实英国女王并未言过其实。生活中，无论理性或非理性的观点，对人的印象是以衣着和仪容作为评价标准之一。一位不懂穿着、胡乱搭配衣服的职业女性，即便她气质再好，仍然会让她的美逊色。因此，气质高雅的职业女性之美，首先来自她的女性风格美。

小文是一家公司的女文秘。她刚刚毕业不久，有着一头令人羡慕的长发，因为长期留着披肩的长发，小文决定换一个新发型。

周末，小文来到了理发店，在理发师的建议下，小文决定尝试一下挑染，理发师帮她挑了一个紫红色，这个颜色很亮丽，从各方面来说，这个颜色对小文的确很合适。

第二天当小文出现在公司时，大家都眼前一亮，但总经理把她叫到办公室，说："今天与外商的谈判你就不要参加了，先去把头发给染回来，我不希望让'火鸡'出现在我的谈判桌旁。"

小文心里很委屈，但无奈只好再把头发恢复原样……

在公司外面不管你打扮得多么稀奇古怪，那都是个人的自由和权利，可是在公司则不然：因为一个成员的形象代表的是整个集团的形象，所有属于那个集团的人都会受其影响。作为一名职场丽人，打扮一定要分场合，美是一方面，但更重要的是要在合适的场合中散发出适合的美。职业女性在社交场合中的着装应当体现出女士的职业特点、性格特征和女性的魅力，并且与具体的场景相协调，这样才能受到大家的欢迎。

3. 良好的仪态让女性的一举一动赏心悦目

职业女性要注重仪表举止。在职场接触形形色色的人，也许你不经意间的小动作、小行为就会让别人对你的印象大打折扣，因此要时刻注意自己的举止。职场中，有许多年轻的女性在面部的化妆上、发型的设计上花了很多心思，对于服装也非常讲究。当她们修饰完毕，站在穿衣镜前的时候，她们对自己的容貌欣赏极了。虽然，很多女性长得很美又善于打扮，她们的容貌确实非常迷人。但是，有许多美丽的女性却不知道，当她们离开了穿衣镜之后，她们便开始用各种动作来破坏自己的美丽了，她们总会时不时地做出一些细小的、令人心情烦躁的小动作，从而影响自己的完美形象。

梅琳是一位热情而敏感的英国女士，几年前她受英国总公司的委派，到中国香港的一家分公司担任总经理。一天，她接待了来访的李女士。李女士是香港一家公司的销售部主管，她此次来的目的主要是为了说服梅琳购买她们公司的产品。

李女士被秘书领进了梅琳的办公室，秘书对梅琳说："总经理，这是××公司的李女士。"梅琳离开办公桌，面带笑容，伸手走向李女士。李女士有些傲慢地伸出手来，让梅琳握了握。梅琳客气地对她说："李女士，很感谢你在百忙之中抽出时间来为我们公司介绍这些产品。这样吧，让我看一看这些材料，我再和你联系。"李女士还没反应过来到底是怎么回事，就已经被梅琳送出了办公室。

以后的几天，李女士多次打电话给梅琳，但得到的是秘书始终如一的回答："总经理不在。"到底是什么原因让梅琳这么反感一个说话不超过两句的人呢？秘书好奇地询问梅琳。听到秘书提起李女士，梅琳余气未消："这个人根本不懂基本的商业礼仪，而且一点风度都没有。她位置低于我，怎么能像个公主一样慢慢伸出手呢？她伸给我的手让我感到像是抓着了一条死鱼，冰冷、松软、毫无热情。当我握她的手时，她的手掌也没有任何反应。握手的这几秒钟就留给我一个极坏的印象。这种握手让我感到她不但内心冷漠，而且还愚蠢到不知道如何假装礼貌。作为一个公司的销售经理，居然不懂得基本的握手方式，这让我很失望。她们公司雇用这样的人做销售经理，可见公司管理人员的眼光和素质也不高。这样一个由低层次的人组成的公司又怎么值得我去信任呢？我又怎么会让公司冒险去购买她们公司的产品呢？我相信她们公司的产品会和员工的素质一样糟糕。"

优雅的仪态是女性有教养、充满自信的完美表达，良好的仪态每时每刻都存在于女性举手投足之间。首先要举止得体，也就是你的一切举止动作，都要合乎体统、符合身份、适应场合，并且能够恰如其分地传达出个人意愿。其次要举止适度，要求你的一切举止动作，都要尽可能地符合礼仪规范标准，使之适时、适事、适人。超过了合"礼"的标准，或是达不到合"礼"的标准，同样都是失礼于人。最后要保持风度，要求你的一切举止动作，应做得优美、潇洒、帅气。对于任何一位有文化、有教养的职场女性来说，优雅的风度都是梦寐以求的。其实，所谓的风度，就是指在举止动作方面，表现得优美、潇洒。在职场中，女性应具有的仪态风范主要从食的仪态、衣的仪态、坐的仪态、站的仪态、行的仪态来体现。

第一，食的仪态美。吃是讲“艺术”的，从吃的仪态可以看出一个女性的教养。职业女性要注意，吃饭时切忌高谈阔论而影响了邻桌的客人，在饭桌上切忌谈论一些不雅的事情，比如“今天在街上看到地下污水水管阻塞，脏物四溢……”之类的话题。切忌吃饭喝水时吧唧嘴，即便是漂亮的女性有此习惯，也会让人觉得没教养。拿筷子的样子、喝汤的姿态、嚼饭菜的口形、拿碗的动作等均以自然为主，不可为了“美”而做作，否则效果将会适得其反。

第二，衣的仪态美。一个懂得穿着的女人，绝不一味地追求昂贵及时髦，而是根据自己的体形来着装。服装的式样对美观起着决定作用。短的衣服，适于身材高的女性，而身材矮小的女性衣服最好长一些；丰满的女性衣着式样应力求简单，有时不妨戴一条长项链，亦可起到拉长身材的视觉效果。身体瘦小的女性，式样亦可有些变化，如可在小圆领上加些飘逸的荷叶边，切忌衣服不合身。此外，衣料的质地也很重要，身材丰满或个性活泼的女性，宜穿软料，而硬料则比较适合于瘦小的女性穿。

第三，坐的仪态美。优美的坐姿让人觉得安详舒适，端正稳重。正确的坐姿是上半身挺直，两肩放松，下巴向内收，脖子挺直，胸部挺起，双膝并拢，双手自然地放于双膝或椅子扶手上；谈话时可以侧坐，此时上体与腿同时转向一侧，双膝靠拢，脚跟靠紧。在椅子上前俯后仰，或把腿架在椅子或沙发扶手上，都是极为不雅观的。

第四，站的仪态美。女性正确、柔和的站立姿势，要做到挺胸收腹，腰杆挺直，上半身要保持挺直，下巴往内收，并且收腹。穿礼服或旗袍的时候，不可双脚并列，而是要让两脚之间前后距离 5 厘米左右，以一只脚为重心。

第五，行的仪态美。走路时的步态美与不美，是由步度和步韵决定的。步度，是指行走时两脚之间的距离。步度的一般标准是一脚踢出落地后，脚跟离另一只脚脚尖的距离恰好等于自己的脚长。步度与呼吸应配合成规律的节奏，穿礼服、裙子或旗袍时更应注意步度、步态应轻盈优美，不可跨大步。步韵很重要，走路时，膝盖和脚腕都要富于弹性，肩膀应自然、轻松地摆动，使自己走在一定的韵律中，才会显得自然优雅。

朱莉要参加一个重要的商务洽谈，这个项目是她考察了很久，并且很看好的一个项目。她一早起来就做好各种准备工作，包括很多细节处她都很仔细地检查了一遍。洽谈开始不久，朱莉的情绪却突然变得有些焦躁，因为对方一个主谈人员不时地在抖动他的双腿，这让朱莉感觉非常不愉快，只想快快结束这次洽谈。本来可以顺利促成的合作，却让朱莉在艰难的心理斗争中持续了很长时间，最后还没有结果，这让朱莉很恼火。对方估计也不会想到原本可以成功的合作最后却失败在抖腿的小动作上。

抖动双腿是一种很失礼也很不雅观的行为，是不尊重对方的表现。同样，让跷起的腿像钟摆似的打秋千也是相当难看的姿态。正式场合，职业女性应该尽量调整自己不做类似的小动作。诸如抖腿、啃指甲、大声说话、拽衣裳、梳理头发这些看起来再平常不过的事情，一旦出现在社交场合，就会变成不尊重人、不雅观、令对方不快的不文明行为。在职场中，你的这些小动作就会成为大缺陷，乃至直接影响别人对你的判断，妨碍你的魅力。要改正这些错误的小动作，职业女性首先要记住下面的要点：

第一，不当众搔痒。

作为女性，你必须要知道搔痒动作不雅，而且由于你的搔痒动作当众进行，会令人产生联想，诸如皮肤病等各种症状，使别人感觉不舒服。

第二，防止体内发出各种声响。

生活经验告诉我们，任何人对发自别人体内的声音都不太容易接受，甚至感到讨厌。作为女性，要杜绝自己在公众场合有诸如咳嗽、喷嚏、哈欠、打嗝、响腹、放屁等行为或习惯，因为这些响声都会令人觉得你不太舒服或是正在生病，别人会马上感到受威胁或产生联想，继而产生厌恶感。

第三，不乱丢烟蒂。

现在有越来越多的女性开始抽烟。抽烟的人在许多场合不受欢迎，究其原因就是人们认为吸烟者缺乏卫生习惯。如果你是一位抽烟的女性，看看自己有没有这些不良的抽烟习惯：走着路抽着烟，令擦身而过的人害怕烧坏了自己的衣服；随处点烟灰，使环境受到污染；没有燃尽的烟蒂随处乱扔，往往会损坏地毯、地板和环境，又令人害怕引发一场不该有的灾难。有些人还会在其就座的位置旁，随手揿灭烟头，致使烟头留在窗台、墙边、桌边，令人十分反感。

第四，不吐痰。

随地吐痰是一种恶习，在一些不发达、不文明、环境恶劣之地到处可见。遗憾的是身处文明之地，身着时髦靓衣的女性有时也会犯此病，乘人不备随地吐痰。这种令人作呕的行为应该杜绝。每一个现代文明人，都应清醒地认识到，是否有人看见你随地吐痰不是问题的关键，关键是因为这种举动，证明你还有愚昧、落后、不卫生的行为习惯。

在职场中，如果你能遵守上面各个要领，你便会立刻变成一个散发出迷人魅力的女性，广受欢迎。

1. 迎送有礼，掌握日常的待客细节

在职场中，令人满意的、健康的接访礼仪，对于建立联系、发展友情、促进合作有着重要的意义。

职业女性在接待和拜访中的礼仪表现，不仅关系到本人的形象，而且还涉及所代表的公司形象。因此，提高自身礼仪修养对职业女性非常重要。我们需要通过不断地学习来提高自身的礼仪修养，整个社会的文明风尚都是靠每个人堆积起来的。

李巧英是上海一家大商场的业务经理。一天，上海的一家电器公司提出想和商场合作，以便打开公司电器产品的销路。商场就派李巧英去电器公司洽谈合作事宜。李巧英到了电器公司之后，被接待人员引进了经理办公室。

李巧英随手将事先准备好的文件放在桌子上，然后便与经理攀谈起来。这时，公司的接待小姐进来给他们上茶。只见她将茶送到李巧英面前，动作粗鲁地“咚”的一声将茶放在李巧英面前的桌子上，李巧英放在桌子上的文件被溅上了许多水珠，她却若无其事，一声不响地就走了出去，好像什么事也没发生一样。

李巧英极为震怒，而那个经理目睹了整个过程，居然也没有向李巧英道歉。李巧英强压住心头的怒火，又与经理继续攀谈。虽然尽量装作若无其事，但是刚才的事情已经在她的心中留下阴影。最终，双方的业务洽谈不欢而散。公司经理因为双方不能达成合作的意向而深感遗憾，李巧英却因此而感到庆幸。试想：一个对待自己的未来合作伙伴都如此莽撞的公司，又怎会和气地对待自己的客户呢？同它合作，不是自寻死路吗？

★★★★★

职业女性在接访中需注意，茶和烟的礼仪是接访礼仪中必不可少的重要环节。接待人员在给客人上茶时，首先态度要端正，不能因为上茶只是小事而漫不经心，要知道在任何情况下，礼仪都是大事。如果我们像故事中的接待小姐那样，动作粗鲁地给客人上茶，那么再好的茶叶客人也会觉得淡而无味。现代社会，每个人的时间都很宝贵，客人肯抽出他宝贵的时间来公司拜访，必定是有重要的事情，而这些事情很可能关系到公司的生死存亡，所以千万不要因为上茶的礼仪问题而使公司的形象毁于一旦。

职业女性在商务接待中，往往忽略准备工作、目标、能力和后续跟进这几个方面。职业女性在进行商务接待时要保持其与业务的相关性，而不能把它当作在业余时间与朋友相处那样随便。有些职业女性认为商务接待就是与对方尽情闲聊、喝酒的一个借口，这种想法是完全错误的，因为身为主人，如果你想要从任何形式的商务接待中获得真正的价值，就必须把商务接待当成非常重要的商务会议来对待。职业女性接待客人，要做到以礼待客，接待来访者的礼仪，不但涉及组织形象，和工作开展也有关系。办公室工作要求接待“三声”。第一声，来有迎声。当客人走进办公室的时候，当客人向你走来的时候，要主动微笑致意，说声“您好”。有的人则认为，不认识的人就不必打招呼，这非常不好。第二声，问有答声。对客人的问题有问必答，不厌其烦。第三声，去有送声。善始善终，当客人告辞的时候要道别，再见，欢迎再来，诸如此类。没有这“三声”，以礼待客更做不到了。

有朋自远方来，不亦“乐”乎！有客来访，主人自然热情大方，真诚相待。但有时光有一份热情是不够的，还必须注意一些待客之道。在日常待客时，往往由于无意中忽略了某些细节，使客人体验不到宾至如归的感觉，甚至出现某些尴尬的局面。因此，以下几种待客时的细节，你可千万不要忽视。

第一，迎宾礼仪。

陪见人员（或接待人员）引导客人按时到达会见场所。主人应在会客厅门口或大楼正门迎候，如果主人不到大楼正门迎接，应由工作人员在大门处迎接客人，将客人引入会客厅。

第二，座次礼仪。

就座时客人应坐于主人右首，记录员（译员）安排在主人和主宾的后边，其他客人依顺序在主客一侧就座，主方陪见在主人一侧依次就座。

如会见为会谈形式，一般用长方形桌子，宾主相对而坐，以入门方向为准，主人位于左侧，客人位于右侧。主谈人居中，其他参与会谈的人员按顺序依次向右排列。如有译员，应安排于主谈人右侧。记录员可安排在后面，也可安排在会谈桌一侧就座。以正门为准，主人占背门一侧，客人面向正门。

第三，不要让客人坐“冷板凳”。

很多时候，一些突如其来的紧急事件会打乱你的时间安排。若你有事脱不开身，需要让对方等待，那么记住千万不要冷落客人，要向对方说明原因，并表示歉意。必要的情况下，你可以安排秘书或其他人员接待客人，尽量不要让客人坐“冷板凳”。这样既能节省彼此的时间，也能尽到做主人的责任。如果你实在抽不出时间来接见来访者，那么你可以与来访者另约时间。需要说明的是，一旦你察觉到自己当日没有时间接见来访者，就应该立即通知对方，以免让对方久等，浪费客人的宝贵时间。

第四，谈话时要注意态度。

商务往来或同业拜访常是“无事不登三宝殿”，客人都是为了谈某些事情而来，因此主人应尽量与客人详谈，并尽量让客人把话说完，且认真倾听。主人对客人的意见或交易，若一时无法决定，就不要轻率表态，可思考后约定一个时间再做答复。对能够马上答复或立即可办理的事情，应当场答复并迅速办理，千万不要让客人浪费时间等待，或再次来访。如果会见时出现某些使你为难的场面，你可以直截了当拒绝某一要求，也可以含蓄地暗示自己无法做到，或者干脆说明自己的难处来避免你不愿意说的问题。但在拒绝对方的要求时一定得注意礼貌，用语要恰当，不要刺激对方，让对方觉得你瞧不起他或有能力而故意不帮忙。

第五，客人告辞时不可一再挽留。

记录好客人的联络方式，或收藏好名片，以备再次联络。送客，起身相送，再次表示欢迎，送到门口或楼下，握手告别。

总之，在职场中，迎来送往礼仪是传统美德，迎来与送往同样重要，可是有些人只注重迎客，而忽视了送客的细节，实在是待客一大忌。对此，职业女性要切记。

5. 时尚优雅能让女性别具魅力

生活中，每个职业女性都有其独特的个性特点，有的性情温柔，有的脾气火暴，有的谈笑风生，有的沉默寡言。正是因为有了各异的性情，职业女性才拥有了万种风情，但绝大多数女性都有一个共同的期盼：拥有时尚的个性。时尚就是人们对社会某项事物一时的崇尚，这里的“尚”是指一种高度。时尚是一种健康的代表，无论是指人的穿衣特色或者前卫的言语、新奇的造型等都可以说是时尚的象征。时尚女性常常能掀起心灵的风暴，却不失职业女性的贤淑和端庄！因此，时尚的职业女性是美丽的，也是受人欢迎的。当代女性的时尚与职业女性的优雅在白领丽人的身上完美地结合，优雅而绝不高傲，时尚而绝非张扬。

沈宏是一个具有传奇色彩的职业女性，她的经历可谓丰富多彩，她横跨了职业女性的高端职位平台：从前外交官到联合国国际职员；从500强跨国公司副总裁到时尚品牌CEO兼首席创意师。不过，她给自己的工作下的结论是：自己一直在从事着提升中国女性形象的工程。她第一个把“私人衣橱顾问”概念引入中国，仅短短的9个月时间，她就使一个美国品牌“移民”到中国，销售火爆。

沈宏的职业生涯从外交官开始。1983年，她经外交部推荐考取联合国国际职员，当时，摆在沈宏面前的第一个问题就是：到联合国面试穿什么衣服？淡蓝色的联合国旗成了沈宏的灵感，她按照这个颜色花12元钱买了件的确良衬衣，配上小黑裙和结婚时只穿过一次的黑色皮鞋，落落大方。

20世纪80年代初期，涂口红、烫发、高跟鞋、短裙等还未被中国内地接受，但代表国家形象的外交部人员则有不同标准。沈宏回忆说：“刚到纽约工作的时候就被告知，每天都要换衣服，而且一周内的着装不可重复。那时候服装的数量和款式很有限，配饰也不充分。于是我就备着一个小本子，把每天自己穿的衣服和搭配记下来，这是我的着装备忘录，因为我们每一天的形象都在为中国人而树立。”

后来，沈宏弃政从商，经营羽西品牌。当时靳羽西是《看东方》节目的主持人，她非常想在中国投资一个化妆品公司。羽西问沈宏愿不愿与她一起回到中国。“我对羽西说，如果我们一起回去，只做化妆品可能没什么意思，但是如果我们做一个化妆革命，那将是特别有意思的。羽西对这种想法当即表示十分的认同。”于是，沈宏丢掉了联合国的金饭碗，一头扎进了中国化妆品里。仅仅5年时间，她们就把羽西化妆品做到了3亿元的销售额。

此时的羽西公司，在中国乃至世界都享有盛名，时任副总裁的沈宏可谓名与利皆环绕左右。然而沈宏再一次选择挥手告别，做了人生的第三次尝试，从面部扩大到整体形象打造，将纽约的“私人衣橱顾问”概念带入国内，进入了时尚圈子。

“私人衣橱顾问”即使在美国也是上流社会的专享，在中国，沈宏则把“私人衣橱顾问”这个外来概念落实在了自己的身体力行上。

2001 年 9 月，上海 APEC 会议，外交部发言人章启月的出场让记者们眼前一亮：第一天的绿色套装，传达着平和、友好的姿态；晚宴上红色礼服，彰显了热情的主人身份；第二天户外花园的白色装扮，与周围环境相得益彰；第三天是重头戏——新闻发布会，章启月一身黑色正装，丝巾点缀，庄重而优雅。海外华文媒体惊呼章启月从北京“大姐大”变成了时尚女士，“优雅得体、笑容可掬”。章启月的优雅亮相背后，是沈宏每晚在她的住处为她策划、交流到两三点钟。

由沈宏倾力打造的新闻发言人、主持人毕竟只是少数，对沈宏来说，这只是提高中国人形象工程的很小的一步，但是，沈宏时刻都在为自己的这一目标努力。

“时尚与年龄无关，与地位无关，与财富无关，时尚是一种生活态度，一种学习精神，是每个职业女性的必修课。”沈宏这样说道。

★★★★★

个性是时尚女性的内涵，是魅力女性的一种精神，是鲜活的社会符号。在当今社会，“时尚”这个词已是很流行了，英文为 fashion。是经常挂在某些人的嘴边，频繁出现在报刊媒体上。但时尚不是模仿、从众。时尚是个人或集体的内心需求，精神方面的或是物质方面的，都考虑自己需要什么。时尚应该显现出自己的个性气质，拥有吸引他人的个性。职业女性的时尚优雅能使美丽得到质的升华。职业女性的时尚优雅是有教养和有品位的表现。一个人的品位，是与其环境、经历、修养、知识分不开的。只有有意识地培养良好的修养，积累丰富的知识，才能有充实的内心世界，才能表现出高尚的思想和高雅的品位。因此，适合自己的时尚才是真正的时尚！

时尚职业女性之所以出众和迷人，除了修养和气质之外，还在于她们对时尚流行的敏感度。在当今社会，竞争不仅是才能的竞争，更是个性的竞争。你不清楚自己的独到之处，不了解自己潜在的优势，就很难凭真本事去竞争，就很难在优胜劣汰的环境中显出实力，那么你的愿望也只能成为愿望。要想施展自我，要想不被别人牵着走，只有认真地剖析自我、确认自我，勇敢地摔打自我，尽力开发自我价值，才能使自己真正成为自己。因此，职业女性主导时尚的最重要因素是个性，时尚女性是有个性精神的，她们喜欢表达个性，也喜欢不断地尝试创新，喜欢和别人不一样的感觉。久而久之，越来越富有个性的创造性，会逐渐产生独特的韵味和气质。职业女性，不一定要漂亮，但一定要时尚优雅，时尚优雅的职业女性最美丽，最受人欢迎。

6.

温和宽容的女性人人喜欢

宽容是一种气度，也是一种文明。职业女性要学会宽容，只有懂得宽容的人，才能拥有无上的魅力，才能在给别人带来快乐的同时，也给自己带来快乐。职场中需要宽容，它就如融洽人际关系的润滑剂。没有对小溪的宽容，就没有大海的浩瀚；没有对风雨的宽容，就没有雄鹰的潇洒；没有对严冬的宽容，就没有春天的灿烂！

一则禅宗的故事最能诠释“宽容”二字的内涵：

慧能大师是一位有道高僧。寺旁有一少女，与仇家之子相恋，生下一子，其父责问是谁的儿子，此女被逼不过，又怕心上人吃亏，就随口说是慧能大师的。其家人把新生儿送到庙中，并对慧能大师百般羞辱；慧能大师什么也没说，就把孩子抱入庙中，把同道的冷嘲热讽当作耳边风。为了使新生儿活下去，他每天下山为孩子找奶吃，任人们往脸上唾口水，毫不在意，只当是自己的孩子一般。后来两家和好，相爱的年轻人终成眷属。两人至此才说出真相。女家很不好意思，人们知道真相后，纷纷为慧能鸣不平。大家一起上山向慧能大师表示歉意。慧能大师什么也没说，把已经会走路的小男孩交给小两口，就进庙去了。大师的无言，不正是对“宽容”一词的最好诠释吗?

职业女性的宽容表现在丰厚的内涵，她们不会因时尚与流行去急功近利地效仿，也不会因得到一次成功而欣喜张扬，更不会因行进于低谷而灰心气丧，深邃而内敛的品性，会让她们拥有别样的雍容和坦荡，即使占尽成功的辉煌，一样可以感受她谦逊的目光。聪明的职业女性喜欢用一颗宽容的心去对待别人。因为她们懂得如果用“小心眼”去看待问题，一定会看得越来越小，并将自己引入伤悲。只有宽宏大度地去对待，才能得到属于自己的幸福和快乐，不断地去收获自己生活上的惊喜。

小雅是公司的财务总监，聪明漂亮，老公经营着一家公司，两人是大学同学，十分恩爱，可谓是事业、爱情双丰收。一次，她和同事逛商场时，发现自己的老公正和一个跟自己女儿差不多大的小女孩谈笑风生，小雅当时很没面子，真想冲上去给老公和那个不要脸的女孩两个耳光。老公看到她也愣住了。然而小雅平复了一下自己的心情，走到老公面前，说:“嗨，逛街呢，继续!”说完优雅地走了过去。事后才知道原来那是老公同学的女儿，同学出国不在家托他照顾。小雅庆幸自己当时没有冲动，老公也开玩笑地说："看不出来挺镇静呀，不过谢谢你！没有让人家见识到你这位'醋劲十足'的阿姨的厉害！"

★★★★★

日常生活中、工作中，人与人之间的摩擦几乎不可避免，相互之间诽谤诬蔑也时有发生，面对别人的不理解甚至是恶意中伤，你要如何处置？是针锋相对还是反唇相讥？这体现了做人的境界，也决定了一个人在人际关系中所处的地位。在这个世界上，有许多不幸的事都是由于人们缺乏包容心而引发的。宽容是为人处世的良方，面对与我不同思想、不同信仰、不同性别、不同种族的人，皆应以宽容之心处之，才能获得和而不同的人际和谐。宽容是生命旅程上的一种养分，是一种生存的智慧、生活的艺术，是看透了社会人生以后所获得的那份从容、自信和超然。

学会宽容是一个职业女性成熟的标志。宽容不会让人失去什么，反而会让人得到更多。人的心灵就像一个容器，美好的东西占的空间越大，仇恨所占的空间就越小。我们多一点宽容之心，既是善待别人，更是善待自己。

★★★★★

美国一家公司的创始人兼董事长玫琳凯，这位化妆业的巨头，以她的智慧，缔造了世界化妆界的神话。

玫琳凯的成功，与她从小养成的宽容性格不无关系。她是一位命运多舛的女子，30 岁以前，生活中的灾难一个接一个地降到她身边。很小的时候，父亲因病住院，母亲为了照顾全家人的生活，从早到晚在外打工赚钱。玫琳凯 7 岁时，便担当起重病中的爸爸的厨师与护士工作。当时，个子矮小的她站在椅子上给爸爸做饭，做饭时，她要打 20 多个电话给妈妈。在电话里，妈妈一直用话激励着她："宝贝，妈妈知道你能做好，一定能！"正是妈妈这句话，让小小的玫琳凯有了自信，即使饭做得不好，她也不沮丧，而是充满信心地迎接第二次的工作。更重要的是，在做这一切时，使她拥有了宽容的心胸。

命运好像有意栽培这个宽容美丽的女孩，27 岁那年，她的第一任丈夫与另一个职业女性私奔离家出走，把三个没成年的孩子留给了她。这时的玫琳凯，没有一分钱的积蓄，更没有经济来源，丈夫的突然离家，等于把她逼上了绝路……面临着重重困难，玫琳凯痛定思痛后，决心用爱和双手改变自己和孩子的命运。第二天，她强装笑脸，到社会上去谋生路。几经奔波，她终于找到了一份既能照顾家又能干事业的直销工作。

在工作当中，她以宽容的心胸对待竞争对手，以坦诚的笑容与顾客交心，并开始一步步地走上公司的领导职位。对于男同事的偏见，玫琳凯始终以宽容的心胸看待此事。

她创办自己的公司时，只有 9 个员工，创业过程充满艰辛。但她始终以宽容的心胸对待，今天，她的公司有 75 万名员工，销售额达 2 亿美元。

20 世纪 90 年代，玫琳凯已经是曾祖母了，她却笑着说："我觉得我才 24 岁。"在她眼里，她宽容的心胸不会随着年纪的增大而老去。她相信，一个宽容的职业女性，是永远年轻的。

★★★★★

这就是宽容带给女性的智慧。生活中，宽容可以产生奇迹，可以减少不必要的损失。当你宽容别人的时候，你就不会因为自己和别人站在敌对的位置上而倍感孤独。一个会做人的人，一个善于做事的人，往往是一个胸襟开阔的人，不与对方斤斤计较，容许别人犯错误。懂得包容别人的人，才能为自己找到一片天地。生活在相互宽容的环境中，是人生的幸福，会使你忘却烦恼，忘却痛苦。职场中，我们应该学会宽容。宽容他人对你的嘲笑，宽容朋友对你的误解，宽容领导对你的错怪。宽容一切你该宽容的，你会觉得自己的心胸宽阔得可以容纳山川大海，你会觉得自己变得越来越豁达，越来越受人欢迎。

第二章

睿智谈吐，能言会道的女性最受大家欣赏

懂得说话技巧的女性，处处都会受人欢迎。我们天天在说话，并不意味着人人都会说话。在职场上，也许一件很普通的小事，由于说话的水平不同，所获得的效果和回报也大不相同。有时候一句话可以化干戈为玉帛，一句话也可以让朋友变成仇人；一句话可以功败垂成，一句话更可以改变人生。因此，怎样把话说到位，选择什么样的时机说话等，都要讲究技巧。

1.

称呼得当，传达女性的优雅风度

在职场中，与人接触的第一句话、第一个词便是称呼了。如果不知怎么称呼对方，那很难让对方产生亲近感，对相互沟通不利。所以，职业女性与熟识的人见面，打招呼时要亲切地称呼对方；与陌生人联系，交谈之前更要恰当地称呼，以示尊重。职场中，一句恰到好处的称呼，在关键时刻是有很大作用的。同样地一句不恰当的称呼带给人的影响，也是很大的。

陈霞是一家公司的小职员，她刚刚毕业没多久。一说起称呼，她满脸兴奋。“我应聘时就是因为一句称呼转危为安的。”在一次应聘时，由于她在考官面前过于紧张，有些发挥失常，就在她从考官眼中看出拒绝的意思而心灰意冷、垂头丧气时，一位中年男士走进了办公室和考官耳语了几句。在他离开时，她听到人事主管小声说了句“经理慢走”。那位男士离开时从陈霞身边经过，给了她一个善意鼓励的眼神，陈霞说自己当时也不知道哪儿来的灵光一闪，忙起身，毕恭毕敬地对他说：“经理您好，您慢走！”她看到了经理眼中些许的诧异，然后他笑着对自己点了点头。等她再坐下时，她从人事主管的眼中看到了笑意……

后来陈霞顺利地得到了这份工作。人事主管后来告诉她，本来根据她那天的表现，是打算把她刷掉的，但就是因为她对经理那句礼貌的称呼，让人事部门觉得她对行政客服工作还是能够胜任的，所以对她的印象有所改观，给了她这份工作。

★★★★★

在职场中，人际交往离不开语言，如果把交际语言比喻成浩浩荡荡的大军，那么称呼语便是这支大军的先锋官，没见哪个人不打招呼就说话的。尤其是初次交往者，它在一定程度上影响着你这次交际的成败。可见称呼语的使用是很重要的。在职场中，每个人都很敏感和在意别人对自己的称呼。职业女性亲切礼貌的称呼令人感到友好与尊重；相反，直呼其名或不分大小，不合时宜的称呼都是很令人反感的。因此，人与人之间开口称呼他人是至关重要的说话技巧。

在职场中，人们彼此之间的称呼是有其特殊性的。社会是一个大舞台，每个社会成员都在社会大舞台上充当特定的社会角色，而称呼最能准确地反映人际关系的亲疏远近和高低上下，具有鲜明的褒贬性。亲属之间，按彼此的关系，都有固定称呼，自不待说。在社会交际中，人际称呼的格调则有文野、雅俗、高下之分，它不仅反映人的身份、地位、职业和婚姻状况，而且反映对对方的态度及其亲疏关系，不同的称呼内容可以使人产生不同的情态。因此，职业女性称呼他人应当亲切、自然、准确、合理；而肆意妄为的行为是要不得的。因为这决定着自身的教养、对对方尊敬的程度，甚至还体现着双方关系发展所达到的程度，因此不能随便乱用称呼语。

★★★★★

推销员李静为了拓展业务，一天要跑好几家公司，接洽的对象多半是科长级的人，偶尔也会见到经理。这一天，李静在接连拜访了好几位科长之后，来到某公司，接待她的是一位经理。尽管彼此都交换了名片，可是一整天的忙碌使得李静有点糊涂，在谈话当中，她还是不断地称呼对方为“科长”。

等她回到自己的公司整理名片时，这才发现了自己的错误，于是十分紧张地打电话道歉。那位经理却说：“喔！原来是这么回事，没关系，你不要放在心上！”语气里所表现的豁达，使这位推销员又感激又敬佩。

的确，明明是个经理，却让人叫成科长，平常人总会有点不悦。但是对方不但没有当场提出纠正，甚至事后还安慰李静，可见这是个气度恢宏、胸襟开阔的人，也就难怪李静要佩服不已了！人际交往中，称呼每天都会用到，这里面的学问很多，掌握它是你在人际关系中应对自如的前提。可以说，称呼是人际交往能否顺利展开的关键，对职业女性能否有好人缘也有很大影响。一般情况下，职业女性在和人初次见面的时候，要学会用恰到好处的称呼，迅速地拉近双方之间的距离。满足了对方需要的称呼，就是给足了别人面子，从而造就融洽的人际关系，为你拉近彼此的关系提供了良好的开端。

在职场中，要想称呼用得恰当，除了要把握人的年龄、心理外，还要注意场合、习惯、身份和职业。严肃的场合称他人为同志、先生，庄重有礼貌，如果在一般场合也这样称谓别人，那就会让他人觉得别扭，浑身不舒服，有的人甚至反感，会觉得你非常虚伪。一句“小姐”称呼，有的人听了乐滋滋，但是，对于年过六旬的老太太也这样称谓，在她听了以为你是在讽刺挖苦她。一句“师傅”似乎很通用，也把人捧得高高的，可是对一位年轻漂亮的小姐你要这样叫她，她会很不高兴，甚至会不给你好脸色。那么，怎么称呼别人才算得体呢？

第一，考虑对方的年龄特征。

见到长者，一定要用尊称，特别是当你有求于人的时候，比如“大叔”“大娘”“老先生”“老师傅”“您老”等，不能随便喊“喂”“嗨”“骑车的”“穿红衣服的”“干活的”等，否则，会使人讨厌，甚至发生不愉快的口角。另外，还需注意，看年龄称呼人要力求准确，否则会闹出笑话。比如，看到一位二十多岁的女孩就称“阿姨”，可实际上人家没那么老，这就会使对方不高兴，不如称她“小姐”合适。

第二，考虑对方的职业特征。

社会上有一些青年人，不管遇到什么人都口称“师傅”，难免使人反感。可见在称呼上还必须区分不同的职业。对工人、司机、理发师、厨师等称“师傅”，当然是合情合理的，而对农民、军人、医生、售货员、教师，统统称“师傅”就有些不伦不类，让人听着不舒服。对不同职业的人，应该有不同的称呼。比如，对医生应称“大夫”；对教师应称“老师”；对国家干部和公职人员，军人和民警，最好称“同志”。随着改革和开放的深入发展，人们的社会交往日渐频繁和复杂，人们相互之间的称呼也就越来越多样化，既不能都叫“师傅”，也不能统称“同志”。比如，对外企的经理、外商，就不能称“同志”，而应称“先生”“小姐”“夫人”等。对刚从海外归来的港台同胞、外籍华人，若用“同志”称呼，有可能使他们感到不习惯，而用“先生”“太太”“小姐”称呼则会使人们感到自然亲切。这种称呼，也逐渐为国内的一般工作人员所接受。

第三，考虑对方的身份。

有位大学生到老师家里请教问题，不巧老师不在家，他的爱人开门迎接，当时不知称呼什么为好，脱口说了声“师母”。老师爱人感到很难为情，这位学生也意识到似乎有些不妥，因为她也就比这位学生大10岁左右。遇到这种情况该怎么称呼呢？按身份，老师的爱人，当然应称呼“师母”，但人家因年龄关系可能不愿接受。最好的办法就是称呼“老师”，不管她是什么职业（或者不知道她从事什么职业）。称呼别人“老师”含有尊敬对方和谦逊的意思。

第四，考虑自己与对方之间的亲疏关系。

在称呼别人的时候，还要考虑自己与对方之间关系的亲疏远近。比如，和你的同窗好友、同一车间班组的伙伴见面时，还是直呼其名更显得亲密无间、欢快自然、无拘无束；否则，见面后一本正经地冠以“先生”“班长”“小姐”之类的称呼，反倒显得太生疏了。当然，为了打趣故作“正经”，开个玩笑，也是可以的。在与多人同时打招呼时，更要注意亲疏远近和主次关系。一般来说以先长后幼、先上后下、先女后男、先疏后亲为宜。

第五，考虑说话的场合。

称呼上级和领导要区别不同的场合。在日常交往中，如果年龄相近的话，对领导、对上级最好不称官衔，以“老王”“老许”相称，使人感到平等、亲切，也显得平易近人，没有官架子，明智的领导会欢迎这样的称呼的。但是，如果在正式场合，如开会、与外单位接洽、谈工作时，称领导为“王经理”“许厂长”“胡校长”“孙局长”等，常常是必要的，因为这能体现工作的严肃性、领导的权威性和法人资格，是顺利开展工作所必需的。

2. 多谈论令人愉悦的话题

写文章只要有个好题目，往往会文思泉涌，一挥而就。同样地，交谈只要有了好话题，就能使其谈话自如。谈别人感兴趣的话题，常常可以把两个人的情感紧紧地连在一起，而且还是打破僵局、缩短交往距离的良策。一个优秀的职业女性要有说话功力，她可以借你喜欢的话题从头到尾把你夸赞一遍！

善于交际的张美娜和沉默寡言的小李初次见面的时候，张美娜很巧妙地把话题引向这位新朋友的相貌上。“你长得太像我的一个表弟了！我刚才差点把你当成他呢！你们俩都是大高个儿，白净脸，都有一种沉稳的气质……他也有这么一件深蓝色的西服……你们俩的样子还蛮像的！”“真的？”小李眼里闪烁着惊喜的光芒。

两个人的话匣子就此打开了。我们不得不佩服张美娜谈话的灵活性。她把小李和自己的表弟相提并论，也就等于在无形之中缩短了两人之间的感情距离；她又在接下来描述两人相貌的时候，不露痕迹地赞美了对方，因而使这个不善言谈的新朋友也动了心，愿意和张美娜倾心交谈。实际上，每个人最感兴趣的都是关于自己的话题，特别是对有关自己相貌的话题，每个人都会或多或少地表现出兴趣。在人们初次见面的时候，也总会在陌生人的面孔上寻找自己亲朋好友的影子，说“你长得好像……”之类的话。因此，在和陌生人交谈的过程中，恰当地谈论对方感兴趣的话题就是一种很不错的说话技巧。

一位女记者去采访一位科学家。到了科学家那儿，女记者看到墙上挂着几张风景照，于是就谈起了构图呀，色调呀……原来这位科学家爱好摄影，他兴致勃勃地拿出了他的相册，谈话气氛非常融洽。正是由于这种气氛，使后面的正题采访进行得非常顺利。

还有一位女记者，去采访一位女教师，行前有人说女教师很倔，说不好三言两语就把人打发了。这位女记者到学校去找女教师，她正在跟传达室的人发脾气。女记者一听她说话的口音是浙江人，心里暗暗高兴，因为她也是浙江人。后来，她们的交谈就从家乡谈起，越谈越热乎，这一段题外话也为正题做了很好的铺垫。

俗话说：“酒逢知己千杯少，话不投机半句多。”职业女性要开动脑筋，注意观察，迅速找到对方感兴趣的话题，以此作为一种契机，与谈话对象进行和谐投机的谈话。在职场上，找到一个有趣的话题才能打开话匣子。最惬意的话题是从心理学的角度切入人性的私密地带，而这就是言谈的切入点！从别人感兴趣的话题入手，那么交谈的双方就能谈得非常尽兴。同时，你也就能实现自己的目的。

罗丝女士是纽约一家面包公司的老板，她一直试着要把面

包卖给纽约的某家饭店。一连三年，她每天都要打电话给该饭店的经理，有机会就去参加该经理的聚会，甚至还在该饭店订了个房间，住在那儿，以便做成这笔生意。但是她都失败了。后来，罗丝女士决定改变策略，找出饭店经理最感兴趣的东西。终于，罗丝女士发现他是一个叫作“美国旅馆招待者”的旅馆人士组织的一员。由于他热忱，还被选为主席以及“国际招待者”的主席。不论会议在什么地方举行，他一定会出席。

当罗丝女士再次见到这位经理的时候，就开始谈论他的那个组织。结果，他跟罗丝女士谈了半个小时的话，内容都是有关他的组织。罗丝女士可以轻易地看出来，那个组织是他的兴趣所在，是他的生命火焰。在罗丝女士离开他的办公室之前，他还“卖”了一张他组织的会员证给她。

罗丝女士在与他交谈的过程中一点也没提到面包的事，但是几天之后他管理的那家饭店的大厨师打电话给罗丝女士，要她把面包样品和价目表送过去。

“我不知道你对那个老先生做了什么手脚，”那位大厨师见到罗丝女士的时候说，“但你真的把他说动了！”

罗丝女士“缠”了该饭店经理三年，一心想得到他的生意，如果她不是最后用心去找出他的兴趣所在，了解到他喜欢谈的话题，那罗丝女士至今可能仍然一无所获。

在公关活动中，要想别人对你能够产生好感，就要谈论对方感兴趣的话题，而那些在公关交际中成功的职业女性，往往就是在与对方接触的第一时间找到对方感兴趣的话题，从而引发交谈的兴趣。可见，话不在说得多，而在说得有用。就像在谈判的时候，有时候可能磨破嘴皮也达不到预期的效果，但有人不费口舌就能轻而易举地说服对方，这是因为他们能够抓住对方心理，把话说到对方心坎里。那么，职业女性怎么才能找到对方感兴趣的话题呢？

第一，中心开花。

当你面对众多的陌生人，要选择众人关心的事件为话题，把话题对准大众的兴奋中心。这类话题必须是大家想谈、爱谈又能谈的，人人有话，自然能说个不停了，以至引起许多人的议论和发言，导致“语花”飞溅。

第二，借兴引人。

巧妙地借用彼时、彼地、彼人的某些材料为题，借此引发交谈。有人善于借助对方的姓名、籍贯、年龄、服饰、居室等，即兴引出话题，常常会取得好的效果。“即兴引入”法的优点是灵活自然，就地取材，其关键是要思维敏捷，能做由此及彼的联想。

第三，投石问路。

向河水中投块石子，探明水的深浅再前进，就能有把握地过河；与陌生人交谈，先提一些“投石”式的问题，在略有了解后再有目的地交谈，便能谈得更为自如。如在聚会时见到陌生的邻座，便可先“投石”询问：“你和主人是老乡，还是老同学?”无论问话的前半句对，还是后半句对，都可循着对的一方面交谈下去；如果问得都不对，对方回答说是“老同事”，那也可谈下去了。

第四，循趣入题。

问明陌生人的兴趣，循趣发问，能顺利地进入话题。比如对方喜爱象棋，便可以此为话题，谈下棋的情趣，车、马、炮的运用，等等。如果你对下棋略通一二，那肯定谈得投机。如你对下棋不太了解，那也正是个学习机会，可静心倾听，适时提问，借此大开眼界。

3.

懂得赞美为女性锦上添花

赞美是获得别人好感的良方妙药。美国心理学家威廉·詹姆士说："人类本性上最深的企图之一是期望被赞美、钦佩、尊重。"渴望赞美是每一个人内心中的一种基本愿望。赞美就像润滑剂，可以调节人际关系；赞美像协奏曲，那和谐悦耳的声音让人如痴如醉；赞美犹如和煦的阳光，让每一个人都享受到世间的温情；赞美像擂响的战鼓，时刻给人以鼓舞和激励。人人都喜欢别人赞美，赞美是一首抒情歌曲，赞美是一首精美诗歌，如太阳般灿烂，温暖幸福心田。我们需要赞美，如万物需要阳光。在职场中，人人需要赞美，人人喜欢赞美，这绝不是虚荣心的表现，而是渴求上进，寻求理解、支持与鼓励的表现。

刘小姐找了一个保姆，便打电话给那位保姆的前任雇主，询问了一些情况，得到的评语却是贬多于褒。保姆来的这天，刘小姐对她说："我打电话请教了你的前任雇主，她说你为人老实可靠，而且煮得一手好菜，唯一的缺点就是理家比较外行，老是把屋子弄得脏兮兮的，我想她的话并非完全可信。你穿得很整洁，人人可以看得出。我相信你一定会把家里照顾得井井有条，同你人一样整洁干净。你也一定会同我相处得很好。"保姆听到刘小姐这样说，下定决心一定要好好表现，她们果然相处得很愉快，保姆真的把家里打扫得干干净净，而且工作非常勤劳。

★★★★★

老子说：“美言可以市。”意思是说如果一个人善于驾驭语言，便可以用来交换自己所需要的东西。这句话的意义体现于上述生动的故事中。在保姆正式开始工作之前，刘小姐就给她戴上了一顶高帽。“煮得一手好菜”“相信你一定会把家里照顾得井井有条”“你一定会同我相处得很好”。这些话保姆当然爱听，因为是对她的赞赏和肯定，而对于刘小姐来说，她的目的不是赞赏保姆，而是对保姆提出这样的期望和要求。当保姆知道自己在刘小姐心中是这样的好形象之后，她会尽力做到更好，使这种好的形象一直维持下去。

在职场中，会说话的人必定是擅长“美言”的人。在夸奖中给对方提要求，是一种技巧。想让对方怎么做，就朝那个方向夸奖他，这样可以满足他被赞美、被崇拜的心理，更重要的是，他会不遗余力地为你办事，努力达到你所赞美的境界。

★★★★★

有位生性高傲的处长，一般生人很难接近他。他的生硬冷漠面孔常使人望而却步。外地来的女办事员婷婷听说了他的脾气，便以柔克刚，一见面就微笑着端过去一杯咖啡说：“处长，我一进门就有人告诉我，处长是个爽快人，办事认真，富有同情心，特别是对外地人格外关照。我一听，高兴极了。我就爱和这样的领导共事，痛快！”处长的脸上立刻露出一丝笑容，接下去谈正事，果然大见成效。

婷婷的成功便得益于开头的那几句赞美。这样，对方就不好意思对一个尊敬自己的人给冷遇、露难看了。自然会在维护自我形象的心理支配下变得和蔼可亲起来。

★★★★★

在职场中，赞美他人已成为一门独立的学问，能否掌握和运用这门学问，使之符合时代的要求，这是衡量现代人素质的一个标准，也是衡量一个人交际水平高低的标志之一。不过，赞美是件好事情，但并不是一件简单的事。职业女性若在赞美别人时，不审时度势，不掌握一定的技巧，即使你是真诚的赞美，也会使好事变为坏事。所以，赞美也要注意正确的方法。

第一，实事求是，措辞适当。

当你的赞语没说出口时，先要掂量一下，这种赞美有没有事实根据，对方听了是否相信，第三者听了是否不以为然。一旦出现异议，你有无足够的证据来证明自己的赞美是站得住脚的。所以，赞美只能在事实基础上进行。

第二，借用第三者的口吻赞美他人。

有时，我们为了博得他人好感，往往会赞美对方一番，若由自己说出“你看来还那么年轻”这类的话，不免有恭维、奉承之嫌。如果换个方法来说：“你真是漂亮，难怪××一直说你看上去总是那么年轻!”可想而知，对方必然会认为你不是在奉承他。一般人的观念中，总认为“第三者”所说的话是比较公正、实在的。因此，以“第三者”的口吻来赞美，更能得到对方的好感和信任。

第三，间接地赞美他人。

如果当面赞美一个人，有时反而会使他感到虚假，或者会疑心你不是诚心的。一般来说，间接赞美无论大众场合，或在个别场合，都能传达到本人，除了起到赞美的鼓舞作用外，还能使对方感到你对他的赞扬是真诚的。

第四，赞美须热情具体。

我们经常看到有人在称赞别人时所表现出来的漫不经心：“你这篇文章写得蛮好的”“你这件衣服很好看”“你的歌唱得不错”这种缺乏热诚的空洞的称赞并不能使对方感到高兴，有时甚至会由于你的敷衍而引起反感和不满。称赞别人，要尽可能热情些、具体些。比如，上述三句称赞的话可以分别改成：“这篇文章写得好，特别是后面一个问题有新意。”“你这件衣服很好看，这种款式很适合你的年龄。”“你的歌唱得不错，不熟悉你的人没准还以为你是专业演员哩。”

第五，比较性的赞美。

两个学生各拿着自己画的一幅画请老师评价。老师如果对甲说："你画得不如他"乙也许比较得意，而甲心中一定不悦，不如对乙说："你画得比他还要好"乙固然很高兴，甲也不至于太扫兴。

第六，赞美用于鼓励。

用赞美来鼓励，能树起人的自尊心。要一个人经常努力把事情干好，首要的是激起他的自尊心。有些人因第一次干某种事情，干得不好，你应当怎样说他呢？不管他有多大的毛病，你应该说："第一次有这样的成绩就不错了"对第一次登台、第一次比赛、第一次写文章、第一次见面的人，你这种赞美会让人深刻地记一辈子。

第七，赞美要适度。

适度的赞美，会使人心情舒畅；否则，使人难堪、反感，或觉得你在拍马屁。因此，合理地把握赞美的"度"，是一个必须重视的问题。

4. 言语幽默，机智巧妙地化解尴尬

职场中，没有比一个懂得幽默的女子更加受人欢迎的了，这意味着她聪明、善解人意，并且还有勇敢的自嘲精神。幽默是一种睿智的表现，她们可以化解许多人际间的冲突或尴尬的情境，往往能使人怒气难生，亦可带给别人快乐。

小霞是一个刚毕业的大学生，找工作处处碰壁，但是她坚信自己一定能找到一份好工作。一次，她给一家外企发了一份简历，第二天就收到了对方发来的“未被录用”的邮件。对方的邮件写着：很遗憾，您未被录用。可能是系统出了问题，对方相同内容的邮件，竟然有好几封。

于是，她无意中给对方又回复了一封邮件，说：“既然您对没有录用我表示如此的遗憾和内疚，为什么不能给我一次面试的机会呢?”

对方的招聘人员觉得好笑，想看看这到底是个什么样的女孩，于是就给了她一次面试的机会。结果她顺利通过了。

在后来与外方经理的相处过程中，小霞也总能够抓住机会幽默一下，使得本来尴尬的气氛变得缓和，而且，结局永远是快乐的。例如有一次，外方经理不小心把一杯可乐打翻，可乐洒在地毯上，他自嘲地说：“一会儿蟑螂部队肯定会大规模地袭击我的办公室。”小霞想了想，微笑着对经理说：“绝对不会，因为中国的蟑螂只喜欢吃中餐。”经理很愉快地看着她，放声大笑。以后的日子里，小霞很是得到这位经理的器重，工作也非常顺利。

求职也好，与领导相处也好，小霞的幽默吸引了他人，带给了她很大的成功。由此可以看出，幽默是人与人之间相处的润滑剂。幽默可以使女人在交际场上压倒别人，同时也能感染他人。

某酒店正在为一对青年举办结婚典礼。新郎新娘在爆竹声中相依相偎缓缓走来。不料，一团火星溅在新娘的衣服上。幸亏有人手疾眼快，上去将火捏灭，但还是烧了条衣边。新娘的脸顿时红了，她觉得新婚燕尔就把衣服烧破了有些不吉利。在场的人都感到意外，却不知说什么好。这时婚礼的女主持人走到新娘面前说：“恭喜你！新娘的衣服边没了是个好兆头，它将预示你们这对新人将来一定恩爱美满，幸（新）福（服）无边！”说得众人都乐了，新娘也转忧为喜。

女主持人一句话，利用“新服”与“幸福”的谐音关系，巧妙地转换成另一种吉祥的祝福，化腐朽为神奇。职业女性在“打圆场”时要善用“吉言”，以“动听”的话语来打动别人，求得别人的欢喜。“吉言顺耳”，爱听“吉言”几乎是人们共有的一种心理。可见，幽默也是摆脱窘境的良方。

幽默是上天赐予职业女性的美丽法宝，因为职业女性的幽默不仅能传递出她们心理的欢愉，也是她们赠送给世界的美好礼物，可以“传染”给他们身边所有的人，让人们保持愉快心境的同时，也深深折服于职业女性的美丽智慧。幽默可以淡化人的消极情绪，消除沮丧与痛苦。具有幽默感的职业女性，能在生活与工作中轻松自如地处理烦恼与矛盾，会让周围的人感到和谐愉快、融洽友好。

★★★★★

方芳在公司从事策划工作，有一次为了营销企划和男同事发生争执，而别的同事都很认可方芳的方案，可因为男同事固执己见，一点都不肯退让，他们僵持了好几个小时，眼看再僵下去会影响到工作的进度。最后，方芳无计可施，用了颇有挑逗性的幽默，笑着对男同事说：“呵呵，我知道你是大男人，胸怀也大，就让一步吧，好让我们小女子也做一次大企划，OK?”

男同事先是愣了一下，看着方芳一脸真诚的笑，也忍不住哈哈大笑，他终于让步了。

★★★★★

方芳能最终说服男同事，是因为她在适当时机加入适度的幽默，才化解了僵局。在职场上，女性不妨在不失矜持的前提下运用幽默，既可以消除双方的紧张和压力，也是你与对方紧张的谈判中制胜的重要因素。职业女性的幽默是一种真正的生活智慧，幽默可以使职业女性在交际场上压倒别人，同时也能感染他人，使大家在快乐、融洽、亲切、祥和的氛围中相处。一个没有幽默感的职业女性，就像鲜花没有香味，只有形没有神。那外表的光鲜，会让人感觉还少一口气。职业女性培养自己的幽默感，需要从以下几点去做：

第一，陶冶情操，乐观面对现实。

幽默是一种宽容精神的体现。要善于体谅他人，要使自己学会幽默，就要学会宽容大度，克服斤斤计较。而且，幽默与乐观是亲密的朋友，只有乐观的人才能把困境抛开，敢于戏谑尴尬。让生活中永远充满笑声。幽默的职业女性是乐观的，能言善辩，机智聪敏，这需要有一种快乐成熟的达观态度，而且在身处逆境之时，也能够从容镇定，开朗豁达，这样才能领略到人间不一样的风景。

第二，扩大知识面。

幽默是一种智慧的表现，它必须建立在丰富知识的基础上。一个人只有具备审时度势的能力和渊博的知识，才能做到谈资丰富，妙言成趣，从而做出恰当的比喻。要培养幽默感必须广泛涉猎，充实自我，不断地从浩如烟海的书籍中收集幽默的浪花，从名人趣事的精华中撷取幽默的宝石。

第三，培养敏锐的洞察力。

提高观察事物的能力。培养机智、敏捷的能力，是提高幽默的一个重要方面。只有迅速地捕捉事物的本质，用恰当的比喻、诙谐的语言，才能使人们产生轻松的感觉。

第四，日常生活的不断积累。

多读、多看，多听、多学，拥有的幽默资料也就多了，而且可以模仿、借鉴、参考的素材就更多。在自己所处的环境中多练习使用幽默的语言，幽默就会成为你所拥有的财富。幽默的职业女性是智慧的，没有一定的文化底蕴是学不会幽默的，但是仅仅具有文化底蕴也是不够的，还需要灵气和才智，而一个具有灵气和才智的职业女性肯定是充满智慧的。

5. 做个好听众，尊重别人发表意见的权利

身在职场的女性，要懂得倾听、学会倾听，当你认真地倾听别人的诉说时，不但能够体现出你个人的修养，同时也能够把握对方完整的意图。懂得倾听，其实就是要职业女性多听少说。在职场中，受欢迎的女性一定是一个好的倾听者，而不是滔滔不绝、喋喋不休的人。倾听，不仅仅是对别人的尊重，也是对别人的一种赞美。这样的职业女性，也是最容易成功的。

★★★★★

一天美国知名主持人林克莱特访问一名小朋友，问："你长大后想要当什么？"小朋友天真地回答："我要当飞机驾驶员！"

林克莱特接着问："如果有一天，你的飞机飞到太平洋上空，所有引擎都熄火了，你会怎么办？"小朋友想了想："我会先告诉坐在飞机上的人绑好安全带，然后我挂上我的降落伞先跳下去。"

当现场的观众笑得东倒西歪时，林克莱特继续注视着这孩子，想看他是不是自作聪明的家伙。没想到，接着孩子的两行热泪夺眶而出，这才使得林克莱特发觉这孩子的悲悯之情远非笔墨所能形容。于是林克莱特问他："为什么要这样做？"小孩子的回答透露出一个孩子真挚的想法："我要去拿燃料，我还要回来！我还要回来！”

因此，当你听别人说话时，不要随便打断别人，要等对方把他所要表达的意思表达完整。这就是听的艺术。认真地听别人的谈话，可以吸取对自己有益的经验，增进相互理解，丰富自己的头脑，实在是受益良多。

世界上的难事之一便是闭上嘴巴，假如你不张开耳朵，不适时地闭上嘴巴，你就会失去无数机会。切记，千万不要太忙于说话，要学会“听话”。交谈的双方在对方谈话的时候均要认真倾听，不要随便打断对方的话，如果必须插话，则应该等对方谈话间歇的时候再插入，而且要表示歉意：“对不起，我想插一句。”很多人常常迫不及待地想发表自己的见解，顾不上细听别人的话，这不仅不礼貌，也是错误的。

一位老教授讲过她的一段亲身经历。有一天，她的一位学生来找她讨论自己的婚姻问题。那位学生是夜大生，她问这位老教授：“我是不是应该同我丈夫离婚?”

老教授因为既不了解她丈夫的情况，也不了解她本人的情况，所以无法帮她出主意。只能边听她说边点头，然后老教授就问：“你认为你应当怎么办?”

老教授这样问了好几遍，每问一遍，那位夜大生就讲应该如何做。

第二天，老教授在报箱里看到了一封信，那是一封热情洋溢的信。不消说，信是那位夜大生写的，她感谢老教授为她出的美妙主意。在她毕业后，她依然写信给这位老教授，说她的婚姻十分美满，并再次称赞老教授为她出的妙主意！

这位老教授究竟为学生出了什么妙主意使得学生对她念念不忘呢?其实，老教授什么主意也没出，主意是学生自己出的。老教授只是认真听了学生的观点和看法。每个人都有表达自己、渴望被他人理解的欲望，都希望他人扮演听众的角色。人际交往是个互动的过程，有听也有说。但是大多数时候，人们都抢着扮演说的角色。许多人没有耐心和时间听别人诉说，甚至别人一开口说话，还未等到对方把话说到正题上，就给予否定了，一口咬定没有兴趣，然后抓紧时间阐述自己的观点。这显然是错误的做法。

在社交场合受大家欢迎的人，人人都爱与之交谈，并不仅仅在于他能说会道，而重要的是他会听。因为交谈中只有既讲又听才可以满足双方的需要，也只有如此，才能使交谈顺利进行。如果只顾自己讲，不想听对方说，则一定会被人拒之门外。

在职场上，倾听是对别人最好的尊敬。专心地听别人讲话，是你所能给予别人最有效，也是最好的赞美。不管说话者是上司、下属、亲人或者朋友，或者是其他人，倾听的功效都是同样的。人们总是更关注自己的问题和兴趣，同样，如果有人愿意听你谈论自己，你也会马上有一种被重视的感觉。当然，倾听不仅仅是保持沉默、用耳朵听而已。如果职业女性只用眼睛或耳朵来接收文字，而不用心去洞察对方的心意，就没有实现读或听所希望达到的目的，结果只是浪费时间，并不能达到有效沟通的目的。在职场中，倾听往往比说更重要。倾听的力量非常伟大，职业女性要学会以下的倾听技巧：

第一，专心致志。

听人说话时，必须全神贯注、专心致志，只有这样，我们才能够紧跟对方的思想，发现对方的真实想法，从而在交流时做到有的放矢，引起共鸣。同样，心不在焉、东张西望的“聆听”不仅是对他人的不尊重，而且很容易使我们漏掉某些内容，从而造成双方沟通障碍，甚至引起他人反感，影响双方的交往。

第二，保持耐心。

通常情况下，即使我们对他人的话题不感兴趣，我们也应该出于礼貌洗耳恭听，尤其是对方谈兴正浓时，我们更要耐心地听下去。当然了，如果对方的话题太过无聊，甚至令人难以忍受，我们也可以对其做出暗示。对方如果识趣，也一定会中止话题或改变话题。需要注意的是，在任何情况下，我们都不能流露出厌烦的神色，以免影响双方交往。即使你不想与对方交往，但这样做起码对我们没有害处。

第三，坚持互动。

听别人说话并不是一味地坐着不动，一个高明的听众，应该跟着说话人的思绪，并适时地用简短的语言（如“对”“是”等）或者点头、微笑等动作与对方进行互动，表示双方所见略同。当然了，轮到我们发言时，我们也没有必要说个不停，而是应当适可而止，做回一个听众。

6. 管住自己的嘴，不要做职场八卦女郎

闲聊，是职业女性的天性。许多职业女性口没遮拦，东家长西家短，逢人诉说，以此为乐。比如谁谁的衣服穿得不协调，谁谁的妆今天化得太浓了，谁和谁分手了又或者谁和老板的关系不太正常……完全是一个八卦女郎。对这些职业女性而言，所谓的谈话，不过是另外一个人，当然最好是一群人，众星捧月，毕恭毕敬，围绕着她，充满期待与热忱的眼光仰望着她，然后，专心致志地听她说。不需要听众有什么自我意识，更不可将谈话转移到自己身上。只有一种反应是值得提倡的，那就是附和。然而，你不要天真地认为你身边的人都是朋友，说不定你上午说完了，下午别人就知道了，而你却在毫不知情的情况下把人得罪了。聪明的职业女性一定要管好自己的嘴，闲谈莫论人非。你可以做个好的倾听者，但是如果你知道自己管不住自己的嘴，那么最好不要加入到任何的闲谈中，以免殃及自身。

莉沙是一个美丽的女郎，她通常给人留下一个温暖、热情、直率的印象。她从名牌大学 MBA 毕业后，就顺利地在一家外资银行做了经理助理。但三个月后，她就失去了工作。很快，她又找到了新的工作，三个月的考查期一到，她又失去了工作。在两年之内，她被解雇了六次。两年中，她已经由一个白领经理助理变成了服装公司的售货员，但她依然没有保住这个连高中生都可以胜任的工作，甚至连工作中的同事都不愿和她做朋友。

受到巨大打击的莉沙最后决定放弃寻找工作，结婚做个母亲。她百思不得其解自己一再失业的原因，她把一切失败都归于外界："我的热情和善良让我不能适应大公司的那种冷酷竞争和没有人情味的环境。"

为什么一个"热情善良的"名牌大学 MBA 毕业生在每个工作岗位上都不超过三个月就被解雇了呢？不仅如此，她连最基本的朋友也都不能留住。熟知她的人得知她最后一次被解雇时，都表示这是早已在预料之中的，人们并不感到奇怪。她的同事小娜曾与莉沙有过一段密切的交往。小娜说："她对探讨别人的隐私的兴趣超出了对自己工作和前途的关心。她闲谈的能力和话题让人畏惧；她能告诉我那些道听途说的有关同事的隐私，她能谈我们在公众场所禁忌的问题；她能问及我不愿意讨论的私人问题；她把自己对某人的推论和猜测，不负责任地讲给别人听，比如认为某某可能是同性恋，某某可能是个性虐待狂。她给我一种恐怖感，与她交往，除了招惹麻烦，不会有其他的结果。"

职业女性如果整天东家长西家短的，对人品头论足，乐此不疲，成为隐私的发源地、谣言中心，领导就会除掉你这个"毒瘤"。宋代慈受禅师在《训童行》一诗中说："莫说他人短与长，说来说去自招殃。若能闭口深藏舌，便是安身第一方。”慈受禅师告诫世人，要想修行，首先要学会不说他人是非，少言多听，因为说他人是非的人最终会因自己的是非之语而自食其果。这个道理在职场同样适用。

研究发现，职业女性爱传播小道消息是有一定原因的：首先，职业女性具有强烈的“他人指向性”，即对别人的生活行为总是寄予很大的兴趣和关心。其次，由于社会条件的制约，女性能够施加影响以及表示关心的范围很窄，因此她们对身边的小事情会比较感兴趣。一个遥远的地方发生了强烈的地震，这对她们来说也许并不感到多大的震惊，可是隔壁邻居由于夫妻吵架，感情不和了，妻子离家出走了，这样的消息对她们来说倒是更有意思。比起以上两条更重要的是有些职业女性常常处于一种欲望不能得到满足的状态，其典型的就是对别人的私生活、风流韵事等男女问题特别感兴趣。这种情景，心理学上认为是以相反的形式来满足自己通过正常的形式不能满足的欲望。对此，聪明的职场女人要学会避免。

★★★★★

丁晓芙在一家外资公司工作，职位是老板的助理。因此，她在工作中经常与老板打交道。老板有什么重大决策，都是经过丁晓芙传达到各个部门。老板一直都很欣赏丁晓芙，因为她的能力很强，在工作中表现突出。不仅如此，有时候丁晓芙还能在一些关键问题上给老板提出一些一针见血的看法和中肯的建议。最近两年公司的发展比较快，业绩突出，公司的利润大幅度提高。于是老板决定为部分表现优秀的员工加薪。但外资公司的老板对国内的具体经济消费水平并不是很了解，便找丁晓芙咨询了此事。为此，丁晓芙做了一份报告，老板看后也相当满意，并采纳了丁晓芙在报告中的一些想法。可不知怎么回事，老板要给员工加薪的消息，突然传遍了公司的每一个角落，本来平静的办公室变得窃窃私语，大家都在讨论谁谁谁会加薪多少，谁谁谁一毛钱都加不了，一时之间搞得公司风言风语四起。老板知道后很不高兴，他认为是丁晓芙泄露了公司的秘密，因为这件事之前只有他和丁晓芙知道。于是，老板把丁晓芙叫到办公室严厉批评一番。丁晓芙满腹委屈，但是也无处申冤，她开始仔细回想，到底是不是自己泄露的消息。

后来丁晓芙回忆起来，自己在写报告书时，曾和几位同事聊过公司薪资待遇问题，当时她只是想了解一下情况而已，并没有说公司要加薪之类的话语。同事却认为那是丁晓芙的“潜台词”，由此谣言四起。可怜的丁晓芙就因为自己一时的疏忽，搞得公司上下人心惶惶，议论纷纷，最可恨的是还让自己给老板留下“大嘴巴”印象，从此再难得到老板的信任和倚重。

★★★★★

说话是一门艺术，话不要随口就说，更不要在别人背后嚼舌根。你要相信公司是一个是非之地。“祸从口出”用在这里一点都不过分。所以，当你的生活出现个人危机，如失恋、婚变之类，最好还是不要在办公室里随便找人倾诉；当你的工作出现危机，如工作上不顺利，对老板、同事有意见有看法，你更不应该在办公室里向人袒露胸襟，任何一个成熟的职场女性都不会这样“直率”的。因此，即使在朋友面前，我们也不要议论别人的长短，就算朋友主动提起，你也不要随声附和。这样做的目的不单单是为了保护自己，而且也是思想成熟者应有的风范。

第三章

人际和谐，亲和力强的女性就是职场“万人迷”

职业女性随时保持与上司、同事、下级的良好关系，对于正常开展工作，对于走好自己的职场道路十分重要。不管你从事哪个行业，只要你拥有良好的人际关系，再加上你的能力，你想取得很好的业绩并不是难事。因此，我们必须尽力去保持人际和谐，否则只能在职场道路上跌跌撞撞。

1.

甜美的微笑可以拉近人与人的距离

在职场中，微笑是女性最迷人的表情。微笑是人类最具魅力的言语，是维系人际关系的纽带，是全世界最佳的沟通手段。它鼓励他人与你交流，也让他人感觉到你的善意和热情，同时，它还让你的声音充满活力，也让你自己感觉良好。微笑，实在是人类最美好的形象。人与人之间和谐关系的建立，有时需要的仅仅只是一个微笑。善于微笑的职业女性，人人喜爱。

小雅毕业于名牌大学。投简历时，她看到一家大型公司在招聘“有经验设计师”，就抱着试试看的态度投了简历。几天之后，她意外接到该广告设计公司人事部经理的电话，让她在第二天下午到广告公司参加集体面试。当人事部经理问她几点可以到达时，她想自己对用人单位所在的地址不是太熟悉，晚一点可能会更充裕一点，就回答下午三点。当天晚上，她不到十点就上床睡觉了，以便第二天能保持一种充沛的精神风貌。

第二天下午一点半午睡起床后，她把自己的求职简历和相关的各种资料整理好，按自己想象的需要次序放入到背包中，穿上整洁干净的衣服，提前一小时就出发了。

在用人单位所在的办公楼下，她很有礼貌地向保安打听清楚“人事部”所在的楼层后，又打开背包，检查了一下所带的求职资料，安定好自己紧张的心情，就面带微笑、自信十足地准时敲开用人单位的大门。

让小雅感到惊奇的是，在众多条件都比她好的应聘求职者中，她是唯一被公司直接留下来的。在成了这家广告公司的一名正式员工后，一次偶然机会，总经理无意中提起选择她的原因：“是你的微笑感染了我，通过微笑，我能看到你有一种其他求职者不具有的自信。”

小雅这才明白自己被录取的原因，并不是因为幸运，而是她的微笑。在此之前，她一直以为名牌大学学历和不错的能力才是求职的绝对资本呢。

小雅工作后，她除了尽最大努力来保质保量地完成公司经理交给的各项任务外，平时总是一脸微笑，无论是上司，还是普通员工，她都会向他们投去善意的笑容，很快她就同其他同事打得“火热”了。于是在进入公司不到两个月时，就结束了试用期。半年后，她被总经理任命为创意主管。

★★★★★

“在经常需要商务交往的岗位上，我宁愿雇用一个没上完小学却有愉快笑容的女孩，也不会雇用一个神情忧郁的博士。”一家著名企业的老总如是说。由此可见，微笑对于职场人士来说有多么重要。笑容是职场的“调温器”，许多时候的是非纠结可能难以用语言调适，但是一个真心的微笑，却可以胜过许许多多的甜言蜜语！具有亲和力的职业女性在与人谈话时总是用友善的口吻，脸上也总是保持着微笑，这样能有效消除人与人之间的隔膜，拉近彼此间的距离。

微笑让职业女性有着迷人的风采，微笑让职业女性有着青春的容颜！微笑的职业女性是温柔的，微笑的职业女性是慈爱的，微笑的职业女性是可亲的。微笑离不开面容，更离不开眼睛。眼睛也是会笑的，笑得感人，笑得优雅，才是微笑的最高境界。在微笑的同时，你还要善用面部表情，包括纠正和去掉不好的甚至是怪异的表情，比如不停地眨眼睛、皱眉毛、翻眼珠等。善用表情的一个关键是善用眼睛和眼神，谁都知道眼睛是心灵的窗户，善用眼睛的神采、感性和表达力，会让你平添持久的魅力，受人欢迎。

一天，小美去拜访一位客户，但是很可惜，他们没有达成协议。小美很苦恼，回来后把事情的经过告诉了经理。经理耐心地听完了小美的讲述，沉默了一会儿，说："你不妨再去一次，但要调整好自己的心态，要时刻记住运用微笑，用你的微笑打动对方，这样他就能看出你的诚意。"

小美试着去做了，她把自己表现得很快乐、很真诚，微笑一直洋溢在她的脸上。结果对方也被小美感染了，他们愉快地签订了协议。

小美结婚已经3年了，每天早上起来都要去上班。忙碌的生活让她顾不上自己心爱的丈夫，她也很少对丈夫微笑。这一天，小美决定试一试，看看微笑会给他们的婚姻带来什么不同。第二天早上，小美梳头照镜子时，就对着镜子微笑起来，她脸上的愁容一扫而空。当她坐下来开始吃早餐的时候，她微笑着跟丈夫打招呼。丈夫感到惊愕不已，非常兴奋。在这两周的时间里，小美感受到的幸福比过去两年还要多。

现在，小美上班时，就对大楼门口的电梯管理员微笑；她微笑着跟大楼门口的警卫打招呼；站在交易所时，她对工作人员微笑。小美很快就发现别人同时也对她微笑。一段时间之后，她发现微笑带给她更多的收入。

女性的微笑最美、最有吸引力。当男人与女性吵架时，只要女性开始微笑，立刻就能化解敌对的气氛，让两个人的关系变得和谐而甜蜜。当有人心情不好时，只要出现了女性的微笑，立刻就能让乌云变成彩虹，连空气都有了幸福的味道。当有困难无法解决时，只要有职业女性的微笑，立刻就能让一切问题迎刃而解，再痛苦的事都会变成快乐。微笑的女性是快乐的，也是幸福的。每天甜美微笑的女性才是最美的。学会了微笑，你的生活就会变得丰富而且充满意义。学会了微笑，你会更容易理解他人，也更容易被他人理解。

总之，微笑是社交场合的通行证，表达感情的最好方式。在生活、工作中，在人与人的交往中，你可以用它拉近人与人之间的距离，表达你对他人的尊敬和礼貌，感谢他人的心意和礼遇。

2. 理解他人，做个善解人意的职业女性

男人喜欢什么样的女性，这也许是女人们私下里最热衷的话题了。一般女人认为，男人们喜欢的女人应该是漂亮、温柔、贤惠。但是，在男人心中最最渴望的是那种善解人意的女人。善解人意的女性最受欢迎。善解人意的女性对人生已经有了一定的领悟，她知道自己身边的人需要什么。这样的女人让他人活得轻松，让人感到特别亲切。这种亲切能给她带来良好的人际关系。

善解人意的女人知道男人既很刚强又很脆弱，而且，有的男人是把荣誉和脸皮看得比生命还重的。因此，善解人意的女人知道在男人的精神世界里有哪些禁区，她总是很小心地不去跨入那些禁区。

★★★★★

因业务发展需要，一家出版公司新招了五六个刚毕业的年轻人。为表达对这批“新鲜血液”的厚望和鼓励，他们的顶头上司白主编决定宴请他们。酒店离公司不远，新人们三三两两结伴而行，唯独将比他们年长二十几岁的白主编抛在了一边。也许他们觉得自己都是小字辈，跟白主编难有共同话题；

也许他们觉得白主编是自己的上司，由于敬畏之心而自然地产生了距离感，所以几个人都跟在白主编后面十几米远。

新来的乔启琪看在眼里，不免替白主编尴尬。怎么办才好呢？于是，在进入酒店落座之前，乔启琪借故先去了趟洗手间。回来一看，果然不出她所料，白主编坐在中间位置上，他两旁的座位都是空着的，而其他几位同事都隔着白主编坐着，或谨口慎言，或局促不安。看见白主编强挤出笑容的样子，乔启琪赶紧说："咱们都往一起凑凑吧，显得热闹！"说完，便很自然地坐在了白主编身旁的空位上，并对白主编投来的赞许目光报以会心一笑。

乔启琪的做法巧妙而自然，很好地缓解了陌生环境下出现的尴尬气氛。可惜的是其他几位新编辑，本来这次白主编就是想和他们亲近一下，交流一下，谁想他们却辜负了上司的美意，把他晾在一边。

那次晚宴，乔启琪给白主编留下了非常好的印象，觉得她是个可塑之才。在今后的工作中从选题策划到作者资源再到市场营销，白主编都对乔启琪知无不言、言无不尽。乔启琪的业务能力自然得到了大幅提升，在同批进来的同事中脱颖而出。

★★★★★

一个善解人意的职业女性顶得上一百个国色天香的美女。在职场上打拼的人，生活和工作两副担子压在肩头，常常让人喘不过气来，其实你的上司又何尝不是？尽管你看到他职位较高，权力较大，但是他所担负的责任与期望势必也比你多得多，况且他还得管理手下的职员，表面上非保持一定的威严不可，有时候还真是有苦说不出啊！所以，作为一名职业女性应该试着多体谅上司的辛苦吧。不要总是认为他们是高高在上、难以亲近的，敞开你的心胸，多理解他人，能让你更受人欢迎。

★★★★★

韩丽丽和李慧慧同时应聘进入一家公司，两个人对待工作都是兢兢业业，尽职尽责。这天，老板把她们两个人都叫到办公室，给了她们每人一份自己经过多次努力刚刚草拟好的手写材料，让她们看完后给自己提一些意见。韩丽丽接过材料后，刚看一会儿就皱着眉头说：“老板，这是谁写的材料呀？条理模糊不清不说，字写也得很潦草的，简直就是没法看。”老板听了很不自在。

李慧慧接过材料后，认真地看了看，然后说：“老板，我对草书不是很熟悉，看完这份材料后，还有几处没有明白过来，希望您能给指导一下。”说着就把不清之处指给了老板。老板给李慧慧指导完后，说：“材料是我写的，由于仓促，所以见笑了。”韩丽丽听后开始如坐针毡。

看完了材料，老板让她们针对材料提一下自己的补充意见。李慧慧首先发话，她说：“老板从公司实际出发，考虑了我们下属的意见和建议，并以公司和我们下属的利益为重，草拟出的这些条例和制度都很实用，也恰到好处，只是这里有几个小地方您看看是不是可以这样来说。”说着就把自己的一些想法告诉了老板。最后，李慧慧说：“我们以后一定会按照老板的意思去做，严格要求自己，努力提高。”

韩丽丽为了挽回面子，从材料的结构开始，直到材料的字字句句，哪里结构不合适，哪里词语用得不当，哪里的条例或制度制定得不是很到位，每一个地方她都想方设法提出自己的意见和建议，说得满口吐沫，希望老板能够因此不再介意自己刚才的失语。老板听着韩丽丽的话，脸上青一阵紫一阵，韩丽丽却全然不觉。

又一次，公司由于业务繁忙，老板通知韩丽丽、李慧慧和自己一起加班。中午，大家都在办公室趴在办公桌上稍做休息，韩丽丽也伏在座位上闭目养神，只有李慧慧一直在工作。这个时候，李慧慧在整理材料时遇到了一些麻烦，就不得不拿着资料向韩丽丽讨教问题。但是，韩丽丽却看都不看，并且很不耐烦地说：“你去问老板吧，这些问题我也弄不明白！”

老板已经睡醒过来，但却假装睡着不加理睬，看她们到底怎么解决。这时，老板又听到李慧慧对韩丽丽说：“咱们老板这几天忙上忙下的，既要处理公司以外的事情，还要抽空加班加点和咱们一起来处理公司内部的事情，和咱们比起来，老板简直是太辛苦了，现在已经够累的了，好不容易睡着，咱们还是让他多休息一会儿吧。”

但是，韩丽丽说道：“老板太辛苦了，我也轻松不到哪里，你自己可以看到，我的工作量一点也不比老板小，现在已经几天没有很好地合过眼了，等我休息一会儿有了精神再说吧。”说着就趴下睡觉了。

这话老板听得一清二楚，但没有说什么。过了一会儿，老板假装醒过来了，于是就向李慧慧询问遇到什么困难没有。李慧慧犹豫了一下说：“我本来也没有什么大的困难，只是有几个地方弄不太明白，想印证一下。刚才也想向您请教，只是又不忍心打扰。”

老板微笑着关切地说：“没关系！有问题我们一起研究。”然后便向她询问起问题之所在，而在老板的指点下，这些难题很快就被解决了。韩丽丽这时早已与周公幽会去了。没过多久，韩丽丽就被老板以没有团队和组织观念为由调离，而李慧慧却直接被老板提升为助手。

韩丽丽在工作方面能力无疑没有什么太大的问题，但不会体恤上级的感受使得她最后被调离。如果韩丽丽能够在发觉失言之后，多对老板说几句赞美的话，并能够及时察觉到老板的表情，从而为老板的尊严留下一点点的空隙，那么结局绝不至于如此。在职场中，工作要努力，更要会沟通。与领导建立良好的关系并获得赏识，工作起来就会比较顺水顺风。

作为一名职业女性，业务能力再强，如果与领导之间缺少融洽的关系，甚至处于对峙状态，时间久了也会无法安心工作。因此，聪明的女性要学会理解领导，做个善解人意的女人。

3.

尊重上司，不可当众指责或反驳

职场是个大环境，大家关系融洽，心情才会舒畅。作为职业女性，尊重你的上司，给自己营造一个良好的工作氛围，你才能充分发挥你的潜能。用友好的方式来表达自己，别人也会以同样的方式来回报你。每个人都有受人尊重的愿望，希望能有更多的自我表现机会，以实现自身的价值，如果这种愿望能充分地得到满足，就会产生一种新的鼓舞力量，让你大受欢迎。

《圣经》中有一句话：“你希望别人怎样对待你，你就应该怎样对待别人。”这句话被大多数西方人视为工作中待人接物的“黄金准则”。做人的一个基本原则就是尊重别人。尊重别人就是设身处地地为别人着想，为别人的方方面面着想。在职场交往中，自己对待别人的态度往往决定着别人对自己的态度，就如同你站在镜子面前，你笑时镜子里的人也跟着笑；你皱眉时镜子里的人也皱眉；你对着镜子大喊大叫，镜子里的人也对你大喊大叫。因此，职业女性要想获得他人的好感和尊重，首先必须尊重别人。

★★★★★

李大姐每年都会受邀参加某单位的杂志评审工作，这个工作在当地非常具有荣誉感，很多人想参加却找不到门路，多数人只参加一两次，就再也没有机会了！李大姐年年有此“殊荣”，让大家都羡慕不已。

李大姐在年届退休时，有人问她其中的奥秘，李大姐微笑着告诉了奥妙所在。她说：自己的专业眼光并不是关键，本身的职位也不是重点，她之所以能年年被邀请，是因为她很会给别人“面子”。

李大姐在公开的评审会议上一定会把握一个原则“多称赞鼓励，少批评论断”。但会议结束之后，她会找来杂志的编辑人员，私下再告诉杂志编辑的真正缺点。

因此，虽然杂志有先后名次，但每位也都保住了面子。也正是因为她顾虑到别人的面子，承办该项业务的人员和各杂志的编辑人员，都很尊敬和喜欢李大姐，当然也就每年找她当评审了。

★★★★★

职业女性要永远记住一个物理的反应：一种行为必然引起相对的反应行为。只要你有心，只要你处处留意给人面子，你将会获得天大的面子。给人面子并不难，只要多加称赞少作批评就行了，这不但是给人面子的相互尊重，同时也是一种非常有效的沟通方式。有些职业女性常犯的毛病就是自以为有见解，自以为有口才，逮到机会就大发宏论，把别人批评得脸一阵红一阵白，他自己则大呼痛快。其实这种举动正是在为自己的祸端铺路，总有一天会吃到苦头。

★★★★★

扬扬相貌出众，活泼大方，又是名牌毕业的高才生，工作能力也不错。然而，她工作了好几年，仍然得不到提升。原因就是她“太爱表现自我”了。在同事面前，她夸夸其谈；在老板面前，她抢着发言，甚至打断老板的话。有一次当着很多人的面，指出老板的错。她这种“处处显示聪明”的作风，让老板、同事对她都没有好感，认为她是个潜在的威胁。

★★★★★

人人都要面子，上司的面子更比员工的值钱，因为他时刻代表着一个单位或一个部门。尊重上司已经是公司里一种不用写在制度中的规则。因此，在职场上，职业女性适当表现一下，偶尔露一下锋芒，可以给上司、同事留下一个良好的印象；但是一定要把握好度。在工作中，与上司的意见相左的情况并不少见，而在上司眼中拥有工作激情的总是那些勇于提出自己看法的员工。因此，当你有想法的时候不妨大胆提出来，让上司和同事看到你的激情。不过，提意见时需谨慎。向上司和同事提建议时如果言辞得当，对方还是容易接受意见或建议的，只是倘若词语运用不当，则不能起到预期的效果。所以说，向上司和同事提建议也是一门很大的学问，并能从中看出一个员工的素养。首先，一定要选择时机，千万不可在他人心情很坏的时候提建议。公司领导每天忙于工作，苦不堪言，有时还有许多生活中的烦恼缠绕着他。当他心情好的时候，有些建议尽管不太中听，他或许还是会接受；但假如他工作没做好或者家中有什么不快的事情，他正憋着一肚子火无处发泄，你却在这时提出自己的不同看法，特别是刺耳的良言，那就正好撞在了枪口上。也许，你的建议他之后采纳了，但他并不会记着你的功，反而会因为你当时戳着他的痛处而忌恨你，甚至找机会报复你。因此，如果是对公司有益的建议，应在开会时提出，但切忌批评上司，如果你想提出与上司不同的意见，可以在私下里单独向领导提。如果领导有什么不对的地方，第三者也听不到，再加上你的态度谦虚诚恳，上司肯定会慎重考虑的。

★★★★★

美国著名谈判艺术专家罗杰·道森曾经遇到过一件事情：有一次，他去参加一家公司的商务宴请，当时他和这家公司的总经理坐在一起，高高兴兴地聊着天。突然，一个地区经理怒气冲冲地走过来对总经理说：“我不知道公司是怎么想的，我们部门最优秀的一个提案居然没能获奖，我手下的员工们为了这个提案付出了所有的心血，我以后还怎么激励他们？”

总经理见对方如此无礼，马上就针锋相对地回应道：“那是因为你们的报告晚了整整七天，你明白吗？”于是两人吵了起来。

两个人针对一个简单的问题居然一吵就是20多分钟，到最后两个人已经完全失去了理智，争论的焦点也早已偏离了问题的本质。这时候罗杰·道森看不下去了，他站起来对那个总经理说："区域经理是想获得一份奖项，你能给他吗？"

总经理正在气头上，说："这绝无可能。"

罗杰·道森耸了耸肩，对区域经理说："既然奖项已经拿不到了，如果总经理能去亲自慰问一下你的员工，可以吗？"

区域经理说："如果不能得奖的话，这样倒也可以。"

罗杰·道森对总经理说："区域经理已经做出了妥协，您是不是也能够让一步，满足这个要求呢？"

总经理表示同意，一场无意义的争吵就在彼此的妥协中结束了。

事后，罗杰·道森说："在你准备和对方争吵之前，不妨先做出妥协，相信许多不必要的麻烦就会因此消失。"

区域经理和总经理之所以吵了起来，其实不是因为问题无法解决，而是因为谁都不肯让步。人都爱"讲面子"，你不依不饶，就等于伤害了对方的"面子"，也许一件小事儿也会因此变成一场尊严的"战争"。在生活中，"面子"是一件很重要的事。不少人为了"面子"，小则翻脸，大则会闹出人命；如果你是个对"面子"冷淡的人，那么你必定是个不受欢迎的人；如果你是个只顾自己，却不顾别人面子的人，那么你必定是个有天会吃暗亏的人。其实，只要你能妥协一步，给对方一个台阶下，就能化解许多不必要的争端和麻烦。因此，职业女性一定要尊重对方，给对方留余地，这不仅能表现你的宽容，更为重要的是尽量避免在公众场合内使你的对手难堪，为他人设身处地想一下，就可以避免许多不愉快的场面。

此外，作为一个公司的领导，总是希望企业内部上下级之间保持一种良好的、和谐的关系。但也希望下属对他表示尊重，服从他的领导，对他的决议能够不折不扣地执行。因此，有时他乐意与下属建立一种朋友关系，但决不允许超越他们之间上下级的关系，这就要求员工和上司要保持一定的间隙和距离。因此，职业女性与上司交往时要保持一定的距离。你可以与上司在业务上、信息上有一定的沟通，对他的工作作风、个人性格、习惯爱好有所了解，以便在工作中积极配合，友好相处。但在公开场合要尊重上司。

4. 把握分寸，处好同事关系

对于每一个职场女性来说，都希望自己在职场中风生水起。这仅仅依靠个人形象和工作能力肯定远远不够。对此，你还得学会善于经营人际关系，这样才能确保自己在与同事交往的过程中游刃有余。

★★★★★

小莉刚毕业进的是一家小公司。十几个人，低头不见抬头见。小莉先是埋头苦干，“老师、老师”地不离口，倒也过得安稳，后来跟王大姐就聊得火热。这王大姐人虽热情，但是非太多，没有她不知道的事儿。她和公司里的张大姐就像仇人。小莉看在眼里，也没多想，王大姐跟她唠叨张大姐的种种不好，小莉也附和着。上班的时候，嘴闲不住的王大姐常常来找小莉聊天，小莉也不避旁人公开陪聊。而且因为跟王大姐好，小莉对张大姐也爱理不理的。

有一天，老板让负责资料的王大姐分给每人一个画册，王大姐就叫小莉帮忙。张大姐此时有事要出去，就跟王大姐商量“能不能先给我一本?”王大姐摆出一个不理的架势，张大姐就转过来跟小莉说，小莉当时也没回话。

张大姐没拿画册转头就走，明显带着气愤。说来复杂，这张大姐又和老板关系不错。所以公司里的人都不敢卷进这个是非之中。

第二天，小莉就感觉大家看自己的眼神和语气有点不对，小莉觉得可能是与张大姐有关。小莉反省了一下自己，觉得王大姐是个过于是非的人，没有必要因为她而与张大姐闹那么僵，所以小莉对王大姐开始疏远。

但是慢慢地，小莉发现自己在公司里越来越受孤立，张大姐和王大姐的关系依旧，但她们都对小莉不怎么样。小莉从她们对自己的脸色中可以看出来。而且，如果老板要找小莉，恰巧小莉不在的话，周围的同事也不帮她搪塞，小莉回来后老板责问她："找你那么半天，你去哪儿了？"在这种环境里，小莉觉得自己每天上班都在熬日子。后来小莉不得不离开那家公司。

职场中自有一套生存法则。每天与同事们相处在一起，每个人的个性千差万别，在与同事相处的过程中要不产生冲突，甚至博得大家的欢心是一件很不容易的事情。然而，任何事物的发展都有其规律，只要把握了下面这几个原则，就能成为一个受同事欢迎的员工。

第一，负责的态度。

认真负责是置身职场的基本工作态度。一个人在工作上尽职尽责、积极进取，等于把自己门前雪扫干净了，接下来的就是待人处世方面的"瓦上霜"问题了。而在公事上做到完美无缺的人，也就不必担心别人会来攻击或中伤，因为你的工作没有任何可让人议论之处。

第二，能伸能屈。

大丈夫当能伸能屈。一名优秀的员工也应该能做到能伸能屈。能伸是指拥有可伸展的舞台时就要把握机会，尽情地表现，为公司也为自己打拼，力争赢得丰硕的成果；当遇到挫折、难关或犯了错误时，要有赔礼道歉的勇气及改进的决心，期待下一次会有较大的进步。总之要视情况展现或锻炼自己，避免锋芒太露或意气用事，否则很可能因一时把握不住伸与屈的分寸而失去机遇。

第三，将心比心。

有些人很少站在别人的角度考虑问题，以至于无意之中做了对别人不利的事、说了伤人的话，对人缺乏关心和体贴，这样的人是不可能受人欢迎的。所以待人处世将心比心很重要，了解别人的良苦用心、辛苦付出及深厚的恩惠，就不会犯自以为是和轻薄他人的错误。将心比心可以使我们更懂得温柔待人、怀抱感恩心，这是令人感觉非常平易近人的一种做人的特质。

第四，开朗大方。

开朗大方是一种积极乐观的生活态度与人生观，保持积极活跃的精神，会让人看起来特别有朝气，工作起来也会有效率，影响所及会让大家都受到感染，使整个团体都充满活力，而这样的人也容易让人亲近和喜欢。

★★★★★

嘉丽是公司的老员工，业务能力非常强，不过她有一个缺点，就是有点心直口快，是真正的“刀子嘴，豆腐心”。由于同事之间相互比较了解，也都不大在意。然而不久前，嘉丽却因为这种性格吃了一记闷亏。

前段时间，嘉丽因为家里的烦心事影响到了工作，导致她的工作效率不高。月底因为业绩下降，被老板当着同事的面严厉地批评了一通。让一向要强的嘉丽一时有点下不了台，但又不敢反驳。

事后嘉丽很生气，中午吃饭的时候，嘉丽同关系很亲密的同事小静坐在一起，小静热情地鼓励嘉丽发泄不满：“有话咱可别憋着，尽管说出来，这样心里就好受了。”

嘉丽听后如遇知己，就口无遮拦地把老板的“罪状”一条一条地历数出来。小静也为她打抱不平，和她一起说老板的坏话。

当天下午下班的时候，嘉丽被请到老板办公室，批评她不仅不尊敬领导，工作态度还十分不端正。最后语重心长地说：

“我本来想下个月提你为部门主管，可你现在这样的工作态度，动不动就背后讲老板的坏话，怎么能带好员工呢。看来我只好另找合适人选了。”

嘉丽从老板办公室出来，越想越不对劲，心想自己中午和小静刚讲过，下午就传到老板耳朵里，难道是小静告诉老板的。她不相信小静是这样的人，毕竟，她和小静关系很好啊。回到办公室时，发现小静看她的眼神很不自然，一副躲躲闪闪的样子，她心里一沉。

几天后，老板公布各方面都没有嘉丽好的小静为部门主管时，嘉丽才恍然大悟，感到世态炎凉。

和谐的同事关系对你的工作有很大的好处，同事是工作中的伙伴，也可以成为生活中的朋友。但面对共同的工作，尤其是遇到晋升、加薪等问题时，同事间的关系就会变得尤为脆弱。因此，同事间尽量不要谈论涉及个人隐私的话题。尤其是当你的生活出现危机，比如失恋、跟老公闹矛盾或是工作出现危机、对老板、同事有意见时，不应该把同事作为倾诉对象。搞好同事关系同样是一门艺术。职业女性需要不断地学习和实践、才能臻于娴熟。

5. 学会委婉，拒绝他人讲究艺术

在职场里，有一门“不可不知的艺术”，就是怎样拒绝别人。拒绝的艺术，无疑是让我们多一份含蓄，多一份理解。职业女性拒绝既要有力度又要不伤人，是很难让人把握的。因此对人说“不”的时候，意思一定要明确，防止不必要的误解。至于方式大可灵活些，点透即可。

★★★★★

有一次，居里夫人过生日，丈夫彼埃尔用一年的积蓄买了一件名贵的大衣，作为生日礼物送给爱妻。当她看到丈夫手中的大衣时爱怨交加，她既想要感激丈夫对自己的爱，也想要说明不该买这样贵重的礼物，因为那时试验正缺钱。于是，她婉言道：“亲爱的，谢谢你，谢谢你，这件大衣确实谁见了都是喜欢的，但是我要说，幸福是内涵的，比如说，你送我一束鲜花祝贺生日，对我们来说就好得多。只要我们永远一起生活、战斗，比你送我任何贵重物品都要珍贵。”这一席话使丈夫认识到自己花那么多钱买礼物确实欠妥当。

★★★★★

在相当多的情况下，委婉拒绝是说服别人或促使听者反省自查的“温柔”武器。英国思想家培根曾说过：“交谈时的含蓄和得体，比口若悬河更可贵。”在言谈中，有驾驭语言功力的人，总会自如地运用多种表达方式并不断探索各种语言风格。虽然有些话非直言不讳不可，但生活中并非处处都能“直”，有时还非得含蓄、委婉些，使其表达效果更佳。

★★★★★

小蒋所在的一家影视公司，最近要赶在国庆黄金周之前摄制一档特别节目送电视台播出。身为编辑部主任的小蒋，在这个时候一方面要统筹记者的采编播安排，一方面又要协调与策划部的沟通，忙得马不停蹄。而偏偏在这个时候，新来的策划部主管以业务不熟悉为由，想把选题策划这一部分的工作甩给小蒋来做。

小蒋心里很明白，这次策划的难度比较大，做好了的话，是策划部的功劳，搞不好的话，被领导横挑鼻子竖挑眼，没准自己还会被“卖”到老板那里，再加上一个越俎代庖、不务正业的罪名，实在是费力不讨好。而且最关键的是她大部分的时间和精力都用在了编辑部的日常工作上，根本无暇他顾。但是她又不能简单地一口回绝，毕竟策划部、编辑部这两大部门的合作是最频繁的，搞僵了关系，工作上会掣肘。

看着策划部主管期待的眼神，小蒋坦诚地说道：

“我理解你的难处，这个时候我们两个部门是最辛苦的，而且你刚来就接手这么重大的策划活动，压力可能会更大。你看这个问题可不可以这样解决：主要的策划案还是由你们策划部来出，我这里可以抽调一个资深记者，在这期间做你的助手，帮你熟悉流程和我们这里的选题风格。你觉得会对你有帮助吗?”

策划部主管说：“比我原来的主意好很多。”

小蒋说：“现在还有个问题是，因为这个安排涉及一名记者的临时工作调配的问题，我们还得和老总商量一下。你什么时候有空?”

策划部主管（很配合地）说：“看你的时间安排吧。”

事实证明，小蒋的拒绝是非常成功的。面对麻烦，小蒋不急不恼，不抵触，拒绝有技巧。话一出口，先站在对方的立场上，表示理解对方的难处和苦衷，同时也带出了自己部门的困难；而给出的方案不但解决了对方的实际问题，而且也使自己全身而退，并且还以一种巧妙的方式让老总看到了小蒋作为一个部门主管，在关键时刻顾大局、识大体的品质。可见，拒绝是有秘诀的。拒绝得法，对方便心悦诚服；如果拒绝不得法，一定会使人对你不满，甚至怀恨你、仇恨你。在职场中，我们还有以下的拒绝方法：

第一，用沉默表示“不”。

当别人问：“你喜欢某某吗?”你心里并不喜欢，这时，你可以不表态，或者一笑置之，别人即会明白。一位不大熟识的朋友邀请你参加晚会，送来请帖，你可以不予回复。它本身说明，你不愿参加这样的活动。

第二，用拖延表示你的拒绝。

一位女友想和你约会。她在电话里问你：“今天晚上八点钟去跳舞，好吗?”你可以回答：“再约吧，到时候我给你去电话。”

一位客人请求你替他换个房间，你可以说：“对不起，这得值班经理决定，他现在不在。”

你和妻子一块儿上街，妻子看到一件漂亮的连衣裙，很想买。你可以拍拍衣袋：“糟糕，我忘了带钱包。”

有人想找你谈话，你看看表：“对不起，我还要参加一个会，改天行吗?”

第三，用回避表示“不”。

你和朋友去看了一部拙劣的武打片，出影院后，朋友问：“这部片子怎么样?”你可以回答：“我更喜欢抒情点的片子。”

你正发烧，但不想告诉朋友，以免引起担心。朋友关心地问：“你试试体温吧?”你说：“不要紧，今天天气不太好。”

第四，用反问语表示你的意见。

你和别人一起谈论事情。当对方问：“你是否认为物价增长过快?”你可以回答：“那么你认为增长太慢了吗?”

你的恋人问：“你喜欢我吗?”你可以回答：“你认为我喜欢你吗?”

第五，用客气表示拒绝。

当别人送礼品给你，而你又不能接受的情况下，你可以客气地回绝：一是说客气话；二是表示受宠若惊，不敢领受；三是强调对方留着它会有更多的用途等。

第六，用外交辞令说“不”。

外交官们在遇到他们不想回答或不愿回答的问题时，总是用一句话来搪塞：“无可奉告。”生活中，当我们暂时无法说是与不是时，也可用这句话。还有一些话可以用来搪塞：“天知道。”“事实会告诉你的。”“这个嘛……难说。”等。

总之，对职业女性来说，学会委婉的拒绝，恰当地说“不”并不是一件难事。只要理解了上述方法，用最理想的方式表达自己的否定想法，并把它融入到你的实际生活中，一定会对你的人际交往有所帮助。这不仅能让你的人缘变得更好，还能显示你的修养。

6. 轻松应对他人的排挤

职场是一个小社会，不像学校或家庭那么单纯，有了职位的区别，等级的存在，就会有排挤的存在。因此，常常出现孤立某同事、排挤某同事的情况，也是不足为奇的。如果有一天，你发现你的同事突然一改常态，不再对你友好，事事抱着不合作的态度，处处给你设难题刁难你，出你的丑，看你的笑话，你就得当心了，这些信息向你传递了一个危险信号：同事在排挤你。不论你是职场新手还是资深员工，在单位都会面临被同事排挤的情况，此时的你切不可采取极端的处理方法，不妨看看被排挤的原因。

乔娜是一家软件公司刚上任的市场部主任。公司经理引领她来到一间宽敞的办公室，对着一屋子同事宣布乔娜正式走马上任，并指着一位四十多岁的女士说："这是你的助理埃米，有什么不清楚的，请她告诉你。"

公司经理离开了办公室，埃米马上开口说："抱歉，我今天有很多事要做，所以没有太多时间和你好好聊聊！"说完话，埃米一头埋进工作，一整天没跟乔娜说一句话。

乔娜发现，除了埃米外，办公室里的其他三个同事也对她横眉冷对，商洽工作时爱搭不理，那副做派，仿佛乔娜不是他们的上司，而是给他们打杂的。

乔娜不由得去摸一摸这股不明敌意的底细，原来，这几位同事都为公司效劳了两年以上，每个人都以为宣传部经理的职位能落到自己头上，没料到这个肥缺让乔娜占了。

乔娜明白，几位同事的刁难并不是冲着自己，而是对公司的人事决策不满，于是，在办公室里持之以恒地发送着自己的友善，经过几次以德报怨的交锋，大家都为乔娜的温和善良折服，满心欢喜地接受了这个年轻的上司。

★★★★★

在工作中，一个人才华出众又踏实肯干，得到上司的赏识是很自然的，那为什么会遭到同事的排斥呢？这时候，嫉妒是一个让人很容易想到的词。准确地说，有可能是嫉妒，但作为当事人，不要仅仅认为只是嫉妒，而是要冷静检视自己，反省自己的言行。

这时候，你最重要的工作就是问一下自己为什么受排挤？如果你遭受到了其他同事的排挤，必须要查找原因，然后“对症下药”。你可以从以下几点中找一下，是不是在你身上发生过。

第一，言辞过激令同事反感。

如果属于这种情况，你必须认真反省，检讨自己。要想使同事改变对你的看法，就要改善自己。和同事讲话须亲近些、温和些，不要乱发言论。

要正确看待自己的才华，不要趾高气扬，颐指气使。要清楚地认识到，你有你的才华，他有他的本领。即使你确实比别人有本事，也不要把本事当作骄傲的本钱。有些人之所以遭到同事的排斥，就是因为尾巴翘得太高，根本不把同事放在眼里；有些人则是思想观念有问题，以为现在只要上司看中就行了；有的人自己是下属，却视同事为贱民，这都是错误的。

第二，与上司走得过近。

如果属于这种情况，那就有些不幸了。你只有等待机会向同事们表明自己的心迹：你与上司并没有特殊关系，主要是喜欢这份工作才应聘的，我就是我，与上司除了工作别无干系。同事们了解了你不是上司派来的探子自然就不会不理你的。

作为下属，不要过分地去亲近上司。因为过于亲近，过分感激，很容易让人误认为你是因奉承而得到赏识的。自己有才华，并在努力为公司服务，得到上司的赏识是完全应该的。只有这种心态才是正确的，也只有这种心态才能获得同事的赞赏。

第三，升级招来妒忌。

如果属于这种情况，就不必太着急了。这是一种很自然的事。这就要你讲求方式，对同事的态度表现得和蔼一些、亲切一些。久而久之，大家还会乐于和你交往的。

有些人见到同事排斥自己，就采取以牙还牙的反排斥手法：或指责人家吃不到葡萄说葡萄酸，或干脆不理睬同事，拒同事于千里之外……凡此种种，都是不明智的。它只能进一步激化矛盾，置自己于孤立无援的境地。要仔细分析自己遭同事排斥的原因，即使断定他们完全是嫉妒性的排斥，也不要气急败坏，要让同事有一个认可和接纳的过程，甚至有一个较长的过程。要相信：随着时间的流逝，只要自己确实有真本事，有良好的品格，同事一定会愉快地接纳自己的。在同事排斥时，你可能会感到委屈，这是正常的。但你应该把它埋藏在肚子里，不要专门去解释，有些事情是越解释越糊涂，越解释越可能走向反面。

因此，职业女性受排挤的时候要镇定，继续有条不紊地做自己的事。同时，主动向排挤你的人做积极友好的表示。他收到这种信号一定有些措手不及，会消除对你的敌意。而且，你要注意做事的分寸，在必要的时候保护和捍卫自己的利益。面对排挤，懦弱是无用的表现。你可以忍耐，但必须有自己的底线。一味忍耐的结果，就是让你成为办公室的受气包和可怜虫。

第四章

忠诚敬业，尽职尽责的女性让人尊敬让人爱

职业女性要想事业有成，就要树立忠诚敬业精神。忠诚敬业会让你敢于承担更大的责任，积极主动地为公司发展出力流汗，做出优异的成绩，这样自然会得到老板的重用，并将你培养成公司的顶梁柱。忠诚敬业会让你的人格变得高尚，赢得同事的尊敬和老板的赏识。这些都是在向你未来的成功和辉煌积极地迈进。

1. 树立主人翁意识，做个爱企如家的职业女性

在职场中，员工的主人翁精神直接决定企业的竞争力。如果每一个员工都有主人翁精神，都把公司的事情当作自己的事来做的话，公司无形当中会形成很大的竞争力。因此，职业女性在工作中要树立主人翁意识。只要你有主人翁精神，你就会认为自己在做一件很有价值的事情。当你用主人翁的心态去对待工作的时候，你会完全改变你的工作态度，你会时刻站在老板的角度思考问题，你的业绩会得到提高，你的价值会得到体现，企业会因为有你的努力而变得不一样，你也可以通过你的带动作用，改变你身边的人，让所有的人都用主人翁的心态去对待工作，这样，企业发展了，不仅对老板有利，对你同样有利。

赵晓晓和李娜在同一家公司工作，俩人私交不错。一天，赵晓晓很气愤地对李娜说："我现在要离开这里，我讨厌这个公司！"

李娜听了后说道："我举双手赞成你的决定！不过你现在离开，还不是最好的时机。"

赵晓晓听后很诧异地看着她。

李娜接着说道："如果你现在走，公司的损失并不大。但是，如果你趁着在公司的机会，拼命去为自己拉一些客户，成为公司独当一面的人物时，然后你再离开公司，公司才会遭受到重大的损失，这就会使它非常被动，主动权就掌握在你的手中了！”

赵晓晓觉得李娜说得非常有道理，于是努力工作，事遂所愿。半年后的一天，两人再次谈论起这事。李娜说：“现在是时机了，要跳槽赶紧行动吧！”赵晓晓淡然笑道：“老总跟我谈过了，准备升我做总经理助理，我这回不想走了。”

★★★★★

很多初入职场的年轻人，或多或少都有过这样的牢骚：“老板给我的待遇太低了，薪水这么少，我才不会给他好好干呢。”“工作嘛，又不是为自己干的，说得过去就行了。”“反正我只是个打工的。”殊不知，心存这样的想法是很不利于自己发展的。虽然雇佣与被雇佣关系是一种契约关系，但二者之间并非是完全对立的。从利益关系的角度看，企业与员工之间是一种合作共赢的关系。所以，职业女性努力工作，既是为企业，也是为了自己。企业和员工是一个共生体，企业的成长，要依靠员工的成长来实现；员工的成长，又要靠企业这个平台。既然你与企业是一体的，那么，你就应该意识到，企业里的任何事情就是我们自己的事情。

★★★★★

董明珠，一位中国家电行业的风云人物，一位风口浪尖的商海女性。她是一位有着传奇色彩的市场营销高手，其独创的区域销售公司模式，被经济界和理论界誉为“二十一世纪经济领域的全新革命”。格力电器连续3年入选美国《财富》杂志评选的“中国上市公司100强”，并被国际最负盛名的投资银行——瑞士信贷第一波士顿评为“中国最具投资价值的12家上市公司”之一。她撰写的记录自己营销道路的自传《棋行天下》，引起业界轰动，并被中央电视台改编为黄金强档连续剧。

她在《棋行天下》一开始就讲，当她被公司派到安徽去做销售员的时候，所碰到的第一件事情是，她面临前任销售人员所留下来的一笔欠款。本来她也可以不去理会这笔欠款，重新开拓属于自己的业绩，但她还是决定要把欠款收回来。这就是我们常常讲的主人翁精神，是一个杰出员工所具有的天然禀赋，具有这种精神的人，她的个人利益和公司利益是一致的。董明珠就是这样的人，她在紧要关头选择了一件看似比较难、却是非常正确的事情。如果当初她不去讨这个债，公司也不会怪她，因为这不是她所造成的。可是在这一关头，她选择了去解决她前任所留下来的问题，而这样的一个念头，就展开了她作为一个职业经理人非常杰出的旅程，虽然这条道路是困难的，但这条道路却是一直往上提升的。她用很大的篇幅描述了在她讨债的四十几天中痛苦的过程，这让她下定决心，以后不要再经历这种过程，所以后来她就采用了“现金交易”的方式。这是跟以前完全不一样的做法，所以产生了蛮大的阻力。虽然这样做的困难度很高，可是她认为这是她可以克服掌握的，两相比较，她认为收现金反而是属于积极的困难度，是属于“甜蜜的负担”；而跟人要债是令人很沮丧的事情，是属于很消极的困难度。要采用现金交易的方式，就要想办法去克服这个困难，她没有退路，所以她会主动积极地把以前计划经济那种“我生产出来就有人帮我卖掉”，这种以“卖方”为主导的做法，转换成市场经济以“买方”为主导的做法。她除了会积极拜访她的经销商之外，还和经销商一起站店面，把她的第一张订单卖掉，让经销商可以感受到她的诚意。她服务的热忱和踏实的做法，终于一步一步地在安徽打响了她人生的第一仗，不但帮公司获得了很坚实的销售业绩，也使她在经销商圈子里获得了很好的口碑。后来证明她的这种做法是很有长远性的。

★★★★★

做公司的主人翁，最重要的就是要在行动中体现，从我做起，从现在做起，把自己当成老板一样去思考公司的事情，想一想怎样才能发挥自己最大的能量，当好这个家，做到为人不骄、处世不躁、处外不卑、主内不亢，像关爱自己的家一样去关心公司的经营和发展。

很多员工都有这样的想法：公司是老板的，又不是我的，我凭什么要以主人翁的心态来对待企业。在过去相当漫长的年代里，“主人翁精神”被严重曲解，被完全等同于“无私奉献精神”，甚至有浓厚的“为了集体，牺牲个人”的意味。人们的疑问其实就是：“为了公司牺牲个人，你值得吗？”事实上，如果用主人翁的心态来对待企业，企业将会给你巨大的回报。否则，皮之不存，毛将焉附？

2. 积极进取，主动担当重任

有些女性朋友可能总会说这样一句话：“天塌下来有他们大男人扛着。”她们认为负责应该是男人的事情，然而在职场中可并非如此。且不说“天塌下来”是否真的有人替你扛，仅仅是这种推卸责任的陋习也会让你在职场中难有发展。在职场中，如果仅仅因为自己是女性就逃避责任，那么我们在他人心目中的地位也当然会矮人一截，因为顶住“塌下的天”的自然是那些高大的人。因此，如果女性不想在职场中被他人看低，不想承认自己就是比男人“弱”，那么就从现在起养成勇于负责的习惯，它将让你终身受益。

★★★★★

杨楠楠在一家商场工作时，一直自我感觉很好。因为她总能很快做完老板布置的任务。一天，老板让杨楠楠把顾客的购物款记录下来，她很快就做完了，然后就与别的同事闲聊。这时老板走了过来，扫视一下周围后看了一眼杨楠楠。接下来老板一语不发地开始整理那批已经订出的货物，然后又把柜台和购物车清理干净，才离开。

这件事深深震动了杨楠楠，她瞬间发现自己一直以来是多么的愚蠢。她明白了一个人不仅要做好本职工作，还应该积极主动地再多做一些，哪怕老板没要求你这么做。这一观念的改变，让杨楠楠发现工作变得这么有趣，每天的工作时间排得满满的，一天下来，她觉得工作充实极了。

杨楠楠在努力工作中学到了更多的东西，工作能力突飞猛进，后来老板再来视察工作时，居然无事可做了。因为所有的事情，都被杨楠楠抢了先。最终杨楠楠荣升公司的副总。

杨楠楠的故事有力地说明了主动工作对于职业女性的重要意义。积极主动，不仅是工作成功的关键，也是优秀和卓越的秘诀。要取得工作的成功，就需要自己的积极主动。要获得职场的成功，就需要首先做一名积极主动的员工。在职场，我们常常会看到，有的人总是一帆风顺，理所当然地升职、加薪，从普通到优秀再到卓越，薪金越来越多，职位越来越高，事业越做越大，直达事业的顶峰，而有的人却一直停滞不前，几十年如一日，没有任何起色。其中的关键正在于：是否积极进取，主动担当重任。

小谢大学毕业后在一家贸易公司当了一名临时职员。从上班那天起，她就时刻提醒自己，一定要做一名合格的正式员工。为了达到这个目标，她认真全面地了解公司的目标、经营方针、组织结构、销售方式等，以便在以后的工作中能更准确、更有效地采取行动。她积极主动地向同事们请教问题，除了努力提高自己的技术能力外，在同事遇到问题或忙不过来时，在完成自己的本职工作后她就主动前去帮忙。在领导下达给那些正式职员一些任务时，她自己也主动完成一份，完全按照正式职员的标准要求自己。在结束一天的工作之后，她还常常不怕辛劳，准备好第二天要用的资料。对此，有的人总笑她太傻：那么辛苦干吗，领导又看不见，太不值得了。面对这些，小谢总是一笑了之，从不辩解，只是继续做着自己认为应该做的事情。

半年后的一天，领导向办公室主任要香港会议上所用的资料。办公室主任有些慌了，他前两天给职员小张交代了一下，因为领导后天去香港，也就没催促他快点完成，现在好像还没做好呢。“临时有了变动，今天下午就要去的。还没准备好吗？我不是前两天就给你说了吗？你自己想办法解决！”领导忍不住发了火。

正在办公室主任一筹莫展的时候，小谢拿出自己准备的那份资料交给了他：“我准备的，您看一下吧。”主任一看，比以前小张准备得还要整齐、全面，于是赶忙给领导送了去。“这是谁准备的？”领导看了看问。“一个临时职员，我看还非常全面。”主任连忙回答。“嗯，不错，能够提前做好准备，是个做事情的料。”对此，领导很满意。

几天后，领导从香港回来，第一件事就是把小谢转为正式职员。现在，她已经是领导的办公室助理，协助领导打理生意上的很多事务。

★★★★★

一个女性要做一个优秀员工就必须具备积极负责的工作精神。一般新员工刚到一个公司时，对工作环境比较陌生，对新单位的企业文化还不太熟悉，对身边的事物还不太了解，因此，对企业的一些活动不敢参与或者说不能完全参与，不能将自己真实的一面释放出来。这种情况是可以理解的，但这种做法并不可取，因为这是人们对你产生“第一印象”的关键期，人们已经习惯于凭第一印象认识人、评价人和议论人。要想让更多的人认识你、了解你、赞赏你，就必须借助企业的一切活动，积极参与其中，将自己完美地展现给大家，给大家留下一个深刻的印象。因为，机遇对任何人是平等的，能不能抓住它，主动权在每个人手里。勇于负责的员工从不怨天尤人，他们只知道尽自己所能迈步向前。他们更不会等待别人的援助，而是自助。记住，当你学会承担责任的时候，机遇也就把握在你手中了。因此，如果职业女性想在自己的工作职位上长期、稳定地做下去，应该做到以下两点：

第一，永远保持积极主动的精神。

如果看到了自己应该去做的工作，不要等老板交代再去做，即使你面对的是一件毫无挑战性且你认为没有丝毫乐趣的工作，你也要勇往直前。另外，当你接下了老板交代的工作后，你也应该把它们做得比老板要求得更加出色，这样，你不仅不用担心自己的职位不保，而且还会得到老板的赏识。

第二，主动为自己的所作所为承担责任。

那些居高位、负重任的人，都能勇于为自己的行为承担责任，从而得到他人的认可和信任，这样的人往往能够功成名就。如果想让自己成为一个有进取心的人，就必须先克服做事拖拉、懒散的恶习，养成立即行动的好习惯。永远不要把今天的事情留到明天或万事俱备后才去做，那样你只能永远等待下去了。要知道，像"明天""下星期""将来"之类的词儿跟"永远不可能"有相同的意义。有些人一生都碌碌无为，他们常常是没有主动性的人。他们从不会自觉地去做自己该做的事，有时甚至老板把事情交代下来后，他们也不会立刻行动起来。他们在私底下常常会用一种颓废的口吻说："过一天算一天吧。""对付着混口饭吃就行了。""只要不丢饭碗就可以了。"这种人，遇到什么事都会抱着漫不经心的态度，他们似乎宁愿一辈子待在山谷里，也不愿意花点儿力气爬上峰顶，看看大千世界里的美好风景。

3. 重视细节，认真做好每个环节

现在很多成绩优秀、智商过人的大学毕业生苦于找不到工作。很多已经找到工作的“职场新人”，苦于无法向企业证明自己的才能，甚至时常遭企业辞退。这当然是很可惜的！其实，无法展示自己才能的原因，就在于对待工作不够认真。一些年轻的职业女性都有心高气傲的毛病，觉得自己的工作太渺小，不值得太认真。然而，就在一次又一次不认真的自我纵容下，一次又一次放任成功的机会从身边溜走。

有位医学院的教授，在上课的第一天对他的学生说：“当医生，最要紧的就是胆大心细！”说完，便将一只手指伸进桌子上一只盛满尿液的杯子里，接着再把手指放进自己的嘴中，随后教授将那只杯子递给学生，让这些学生照着他的做法来做。看到每个学生都忍着呕吐，像教授一样把手指探入杯中，然后再塞进嘴里。教授看着学生的狼狈样子，微笑着说：“哈哈，不错，不错，你们每个人都够胆大的。”紧接着教授又难过起来：“只可惜你们看得不够仔细，没有注意我探入尿杯的是食指，放进嘴里的却是中指啊！”

在上面故事里的这位教授，其本来的意思是教育学生科研与工作都要注意细节，相信尝过尿液的学生应该终生能够记住这次教训。在职场中，认真工作不仅仅是一种对待事业和人生的态度，一种职业精神，它更是一种重要的能力。一旦认真渗入进自己的骨髓，融化进自己的血液，你就能焕发出一种神奇的能量。

张燕是老总的秘书，老总高兴的时候夸两句，不高兴的时候挨骂也是必然的。所以作为老总身边的工作人员要时时刻刻注意将事情安排周密。有一次，张燕陪同老总去谈客户，请示要不要把合同带上，老总说只是初次见面签合同还早着呢，带了也没用。张燕一想也对，但是离开办公室的最后一秒钟，她还是把事先准备好的合同和所有可能用到的资料装进了文件夹。席间，客户不停地问这问那，甚至提及了打款事宜，看苗头很有意愿。老总在心里一个劲儿后悔没带文件合同，这时张燕微笑着从包里取出文件资料让客户更明细地了解公司产品，客户看了很满意。张燕又不失时机追问一句："陈总，如果您对我们公司的一切都还满意的话，今天我们就可以签订合同，这样您还可以享受我们最后一天的优惠价格，而且像您这样的客户我们一定也会让您享受周到的售后服务。"

经过一番言语交错，客户同意签合同。这时张燕从文件夹中把合同书拿出来端放在客户面前，客户大笔一挥签下了两份合同书。事后，老总开玩笑地说："小张啊，你可不是个听话的员工啊。不过你这种不听话应该作为案例在全公司提倡，哈哈哈……从下个月起，要财务部给你加三成薪水。"

社会发展越来越快，激烈的竞争对人的能力和素质提出了更高的要求。如果我们想提高自己的能力，就必须要把自己培养成一个认真做事的人。只有最认真的人，才能创造出最优秀的产品。同样，也只有最认真的人，才会有最卓越的成就。想达至伟大的理想，首先就要脚踏实地、认认真真地做好眼前的事。一个人如果对待每项工作都很认真，那么即使他处在世界上任何一个不起眼的角落，都终将脱颖而出。所以，职业女性对每一个问题，都必须认真处理，精益求精。

★★★★★

陈丽丽是燕京啤酒的一名质检组组长。一天，她在生产车间巡视时注意到有一台机器的运转速度不稳定，而操作工小郭仍然在生产操作。经验和直觉告诉她，这台机器的转轴内芯有可能出现了较严重的磨损，必须停机检修，否则，生产出的产品很有可能出现质量问题。

于是，陈丽丽马上安排这台机器的工人准备停机检修，操作工小郭却说："陈姐，不能停啊，这批货特别急，那边已经催了好几次，上面下命令明天必须交货，否则会扣奖金的。再说了，这台机器以前也出过这个毛病，也没出现什么问题啊。"

陈丽丽听了这话，耐心地对操作员说："小郭啊，这台机器必须检修。如果因为机器缘故造成质量问题，你知道那样的影响会有多坏吗？咱们的啤酒消费者如果喝着味道有问题，肯定不会再买了，我们与经销商之间的合作也会受到很大影响。到那时，也许不会再有'赶活'的任务，因为根本就没活干了，奖金就更不用提了，而且，我们生产的产品是要对消费者负责的，你说是不是？"

听了陈丽丽耐心的解释，操作员小郭才同意停机检修。一个可能给企业带来不利影响的隐患在陈丽丽满怀责任感的工作中解决了。

★★★★★

企业最需要像陈丽丽这样认真负责的员工。做事需要养成认真的习惯。在竞争越来越激烈的 21 世纪，即便是一丝微小的差异，也可能成为决定胜负的关键。凡是想成功的人，必须不断地超越合格，力争完美；超越优秀，力争卓越。而使人不断超越，以微小差异战胜一切竞争对手的，正是认真的精神。无论企业的生存发展，还是每个员工在职业生涯中自我价值的实现，都要求认真、认真再认真，来不得半点敷衍和糊弄。

4.

忠诚企业，出卖机密的事情做不得

在职场中，忠诚是一种操守，是一种职业良心。忠诚是人类最宝贵的品质，是无价之宝。自古至今，人们都视忠诚为最高尚的美德。在对一些世界著名企业家的调查中，当问到“您认为员工应具备的品质是什么”时，他们无一例外地选择了忠诚。

有这样一个故事：

一位老锁匠一生修锁无数，技艺高超，为人正直。老锁匠老了，为了不让他的绝技失传，他物色了两个徒弟。一段时间后，两个年轻人都学会了不少东西，但两个人中只有一人能得到真传，老锁匠决定对他们进行一次考试。

老锁匠准备了两个保险柜，分别放在两个房间里，让两个徒弟去打开。结果大徒弟只用了不到十分钟就打开了保险柜，而二徒弟却用了半个小时。众人都为大徒弟的高超技艺喝彩。

老锁匠问大徒弟：“保险柜里有什么?”大徒弟眼中放出了光彩：“师傅，里面有很多钱，全是百元大钞。”问二徒弟同样的问题时，二徒弟支吾了半天：“师傅，我没有看见里面有什么，我只顾开锁了。”

老锁匠十分高兴，郑重地宣布二徒弟为他的接班人。大徒弟不服，众人也十分不解。老锁匠微微一笑说：“干我们这一行的，要靠本事吃饭、靠良心做人。必须做到心中有锁而无其他，不该看的决不看，不该拿的决不拿，心上要有一把不能开的锁。”

忠诚就是心系企业，忠诚就是恪尽职责，忠诚就是保守秘密。相信大家都有为别人保守秘密的时候，有些秘密小至影响个人名誉，大则会亡国灭种，所以说只要是秘密，往往不会希望太多人知道。实际上，在办公室里，总要有一些秘密存在，尤其是在如今这般复杂的环境之中，不论这关乎商业机密或是企业变革，只要你是属于公司的一员，你都有职责替公司保密！保密还带有一些道德情操在内，特别是商业机密，更属于职业道德的范畴。比如我们在应征一份工作时，企业通常会要求我们签署一份合约，合约内容中一定会有一条是要求我们不得泄露公司机密。由此可知，不论你的工作绩效如何，保密是公司希望我们能做到的一项基本责任。毕竟许多机密关乎公司发展前景，有规模的公司竞争对手也越多，对手一定希望能多知道公司内部的一些情况，以期寻找进攻的路径或改进竞争的策略。不过身为公司的职员，我们有义务维护公司权益，毕竟让对手知道公司的一切，优缺点完全暴露无遗，那就没有任何竞争力可言了。企业没了竞争力，那我们的前途也会就此葬送。所以，职业女性一定要培养保密习惯，不随便在朋友或亲人前透露公司商业机密。

王女士是一家合资企业的业务部副经理，刚刚上任不久。她的能力非常强，毕业短短两年能够做到这样的位置也算是表现不俗了。但是王女士在担任业务部副经理时，有一次没有能抵制住自己心里的“恶魔”，在业务部经理的牵线下，收了一笔款子，业务部经理说：“没事儿，大家都这么干，你还年轻，以后多学着点儿。”

王女士虽然觉得这么做不太好，但是她也没拒绝，半推半就地拿下了5万元。当然，业务部经理拿到的更多。没多久，业务部经理辞职了。就在业务部经理辞职不久，王女士私自拿下5万元的事情被总经理发现了，虽然非常舍不得才干超群的王女士，但总经理还是决定辞退她，因为她对企业并不忠诚。

忠诚比能力更重要。失却了忠诚，就算能力超群，也无人敢用。职场上关于忠诚重要还是能力重要的争论一直没有停止过。但是一项覆盖全球4000多名白领员工的调查显示，在公司公布升职员工名单时，超过一半的人会感到惊奇和意外。也就是说，那些最终获得升迁机会的人，往往不是工作能力最出色的员工，“冷门选手”更易被升职。原因是在老板眼中，忠诚比能力更重要。

马尔蒂斯是一家金属冶炼厂的技术骨干，由于工厂准备改变发展方向，马尔蒂斯觉得工厂不再适合自己，她准备换一份工作。

鉴于马尔蒂斯原来工厂在行业上的影响力以及她自身的能力，她要找一份工作是轻而易举的事情。很多公司很早以前就邀请过她，但是都没有成功，这次是马尔蒂斯主动要走，很多公司都认为这是获得她的绝好机会。

很多公司对马尔蒂斯都给出了很高的条件，但是马尔蒂斯觉得这种高条件后面一定隐藏着另外一些东西。马尔蒂斯知道不能为了优厚的报酬而背弃自己的某些原则。因此，马尔蒂斯拒绝了很多公司的邀请，最后决定去全美最大的金属冶炼公司应聘。

负责面试马尔蒂斯的是该公司负责技术的副总经理，他对马尔蒂斯的能力没有任何挑剔，却向她提出了一个让马尔蒂斯很失望的问题：

“我们很高兴你能够加入我们公司，你的资历和能力都很出色。我听说你原来的冶炼厂正在研究一种提炼金属的新技术，听说你也参与了这项技术的研发，我们公司也在研究这门新技术，你能够把你原来厂家研究的进展情况和取得的成果告诉我们吗？你知道这对我们公司意味着什么，这也是我们聘请你来我们公司的真正原因。”那位副总经理说。

“你的问题让我十分失望，看来市场竞争确实是需要一些非常手段，但是我不能答应你的要求，因为我有责任忠诚于我的企业。尽管我已经离开它了，但任何时候我都会这么做，因为信守忠诚比获得一份工作重要得多。”

马尔蒂斯身边的人都为她的回答感到惋惜，因为这家企业的影响力和实力比她原来的工厂要大得多，能在这里工作是无数人梦寐以求的，但是马尔蒂斯却放弃了这个绝好的机会。

就在马尔蒂斯准备去另一家公司应聘的时候，那位副总经理给马尔蒂斯来了一封信，在信中他这么说道：“马尔蒂斯女士，你被录取了，并且是做我的助手，不仅是因为你的能力，更因为你时时刻刻都想着为自己的企业保守商业机密，你是好样的！”

★★★★★

每个公司都需要马尔蒂斯这样的职员，你只有成为这样的人才能受到公司的重用。无论在哪个公司，你都应该保守公司和老板的机密，对公司的各种事情都不能随便张扬，一定要守口如瓶。无论一个人在企业中是以什么样的身份出现，对企业的忠诚都应该是一样的。我们强调员工对企业的忠诚，就是因为无论是企业和个人，忠诚都会使其得到利益。其实，每位员工的价值，在老板的心里都会有一个评判，员工是否忠诚，老板都看在眼里。如果你能做好自己该做的，并且能一直忠于职守，老板一定不会让你失望。

5. 公私分明，上班时间让私事靠边站

上班时间不做私事，这是公司对每一位职业女性最起码的要求。如果一个人在办公室里打私人电话，发私人传真或因私事上网，甚至织毛衣，接待私人来客，等等，那么必然会给老板、上司留下一个极为不好的影响。

胡莉在一家大公司任职。平时工作很紧张，但紧张之余胡莉还是不忘记打电话给朋友，然后眉飞色舞、手舞足蹈地聊上很长时间，扩展自己的交际范围。所有的朋友都知道胡莉有这个习惯，他们也会在工作时间打电话给她，和她谈一些无关紧要的事情。午饭时间是打电话的最佳时候，因此，她的午饭总是简单迅速，因为她要打越洋电话给异国他乡的亲人和朋友。在同事的印象中，胡莉总是抱着公司的电话在说笑。在她心情舒畅地跟朋友说笑时，胡莉忘记了自己的周围有同事，这既耽误了自己的工作，也影响了同事的工作，而且她朋友的工作也被影响。同时，因为胡莉总不放下电话，与公司有关的业务电话也就有可能接不通。终于有一天，胡莉这样的行为使公司漏接了一项大的业务，公司开始彻查此事，胡莉受到了严惩。

胡莉就是因为没有很好地区分开工作时间和私人时间而闯出了大

祸。如果你不把工作时间做私事当回事，不去认真对待，那么你也很有可能会出现胡莉那样的下场。对老板来说，工作时间处理私人事务的习惯，很大程度上反映出员工工作的心态。有些老板通常把私人事务的多少，当作一位员工是否积极上进、安心本职工作的考核标准。因此，公私不分，工作时间处理私人事务，既影响你的工作质量，也直接影响了你在老板心目中的形象。

一家企业薪资调查公司最近展开的调查显示，有六成员工承认曾在工作时偷懒，而34%的受访者最常做的就是上网。他们提出的理由是：太闷、工作时间太长、薪金太低或工作没有挑战性。虽然员工打打电话无可厚非，或者偶尔放松一下，也可以理解，但是如果工作时将大部分时间投入到一些无关紧要的私事中，那么难免会让老板觉得你不够敬业了。另外，要知道公司是讲求效益的地方，如果你总是在工作中一心两用，必然会影响自己的工作效率，如果你在工作中不能提供一个让老板满意的结果，那么不要说你不能得到重用，恐怕自己的工作职位也不能得到保证。因此，职业女性上班时间不要安排处理私事，特殊情况须提前向领导请示。

★★★★★

格瑞是美国一家超级大公司的部门负责人，事业前景一片光明。但就在那个秋季的一天下午，她犯了一个无法挽回的错误——擅自离岗半小时，并由此影响了她一生的职业发展走向。9月12日那天下午，格瑞实在经不住正如火如荼进行的欧洲杯足球赛的诱惑，处理完所有的事情后，她偷偷地离开办公室，找到一个有电视的房间，尽情地欣赏起自己喜爱的球队的精彩表演。半小时后，她带着惬意，匆匆赶回自己的办公室，似乎一切正常。蓦然，她被桌子上的一张纸条惊呆了，上面写道：格瑞女士，既然你那么喜欢足球，我看你还是回家尽情去欣赏好了。上面是她熟悉的签名——公司老板威廉·斯通。

原来，就在格瑞刚刚离开办公室10分钟时，平时不曾到下面各部门走动的老板，随意地走进了她的办公室，并在她的办公桌前坐了10分钟，却一直未见她的影子。于是，老板勃然大怒，毅然辞掉了这位很有潜能的中层管理者。

中年失业的格瑞后来又辗转应聘了几家公司，但始终未能找到适合自己的位置，收入每况愈下，生活日渐潦倒。后来，竟长时间失业在家。

在工作中，许多刚刚进入职场的年轻女性身上都有一个共同的特点，就是在有些时候不能很好地控制住自己，难以分清楚自己的私事与工作，而将一些私事和个人的爱好带到工作之中，完全按照自己的性子行事，这样不仅仅直接影响到工作效果，还会在身边的同事心中留下一个不好的印象，给自我职业发展带来阻碍。工作的唯一目的就是尽力将工作做好，所以不要让自己的私事影响工作。那么究竟是什么原因让年轻女性有这种表现呢？有的人可能说这是因为年轻女性没有任何的工作经验而引起的。他们一时之间还没有能够将单纯的学生角色转变成身在复杂职场环境中的职业人。这种说法听来是对的，但是这仅仅是一个表层的现象，而并非实质。实际上一部分初入职场的年轻女性会有这样的表现，是他们没有公私分明的责任意识，并没有明确意识到办公室与私人空间存在着界限。可以这么说，不加控制地将私人的事情夹杂到工作环境中是促使我们职场失败的病毒。它可以毁掉我们在职场中的形象，毁掉我们的前途。

如果你通常在工作期间处理私人事务、老板会感觉你不够忠诚。因为公司是讲求效益的地方，任何投入必须紧紧围绕着产出来进行。工作时间处理私人事务，无疑是在浪费公司的资源和时间。一位老板曾经这样评价一位当着他的面打私人电话的员工：“我想，他经常这样做，否则他怎么连我也不防？也许他没有意识到这有悖于职业道德。”因此，职业女性要想在竞争中脱颖而出，就必须在工作时间不要做与工作无关的事。当然，在工作中，我们可能不可避免地要受到私事的影响，那么我们该如何做到工作和私事分开呢？下面几个方法可以借鉴：

第一，尽量缩短和减少在工作中处理私事的时间。

比如，有朋友因急事找你，那么你应该摘要简短地将问题交代清楚，不要家长里短地说一大堆。

第二，尽量把私事安排在休息时间处理。

每个人在工作期间难免会受到私事的影响，一旦遇到这种情况，那么就应该自行安排在休息时间处理。不过，需要注意的是，即便是在休息时间，也尽量不要让自己的私事影响到同事。

第三，不要把私人物品放在办公室里。

在办公室里，除了雨具、备用的衣服、餐具、小镜子、梳子等必备品外，不要把其他的私人用品放在办公室里。不仅不应该在公用的橱柜里放置私人用品，也尽量不要在办公室的抽屉放置过多的私人物品，否则，你很容易给人留下不好的印象，上司甚至可能觉得你并没有把办公室当作工作场所。

6.

每天晚走一会儿，比别人多做一点

职业女性获得成功的秘密在于不遗余力地多付出一点，而你的付出总会有回报，这会最大限度地展现你的工作态度、最大限度地发挥你的天赋，让你在为企业和社会带来利益的同时自身不断升值。在所有的领域，那些最知名的、最出类拔萃者与其他人的区别在哪里呢？答案就是：多付出那么一点儿。也许你的投入无法立刻得到相应的回报，也不要气馁，应该一如既往地多付出一点。回报可能会在不经意间，以出人意料的方式出现，但是请你相信，回报一定会来。

与大多数同龄人相比，艾达已经算是一位职场成功人士了。当她的很多同学以及同龄人还在为保住饭碗而苦苦挣扎时，她已经顺利地完成了由低级白领到高级白领到金领的过渡。如今，事业、金钱、爱人，她一样也不缺。最令人羡慕的是，她似乎并没有像有些人那样，牺牲了自己的健康和情趣，牺牲了与家人享受天伦幸福，才获得了事业和金钱上的成功，她只是从容淡定地比别人每天多付出了一点点，就把事业、金钱和美眷尽收于囊中。

当别人向她请教其中奥秘时，艾达的回答是："秘诀极其简单，换来这份从容淡定的，是每天的两个10分钟：每天早到10分钟，每天晚走10分钟。"

她说，初入职场时，她也和许多人一样，总感觉手头上的事情永远做不完，结果业余爱好也丢了，人也疲乏得要命，业绩还差强人意。有一天，从事了一辈子管理工作的父亲知道了艾达的困惑后，便对她说："你能不能试一试，每天早到公司10分钟，每天比别人晚走10分钟？"乍听父亲的话，艾达并未完全理解，但她决定试一试。

从第二天起，为了能早到公司10分钟，她开始比正常时间早10分钟出门。当她走到公共汽车站时，发现等车的人不多，到了车上，又发现有许多空座位，比平时惬意多了。而且，由于还没到上班高峰期，路上的交通也没出现堵塞，她很快就到了公司。坐在车上时，她就已经把一天的工作理了个头绪。由于她是早到办公室，所以同事们还没来，于是她在空旷的办公室里伸展了一下手脚，然后听着一段音乐，开始为一天的工作做准备。

当同事们匆匆忙忙地打卡、手忙脚乱地打开抽屉时，艾达的面前已经放好了需要整理的材料，并泡好了一杯热茶。接下来，她的工作是有条不紊的。往往不到中午休息时间，她上午的工作计划就提前完成了，而且完成得比较出色。多出来的时间，她可以多为公司做点事，或者为提升自己多学点东西，或者什么也不做，养精蓄锐，以便下午更有劲头地工作。

午休结束之后，下午的工作又开始了。由于早上在车上她已有计划，头绪很清楚，所以下午的工作又很顺手。

下班铃声响之后，她多留在办公室里至少 10 分钟，把一天的工作小结了一下，看看有没有遗漏的或不周到的地方。而不是像有些同事那样，下班铃声一响，就像兔子一样迅速离开。如果一天的工作都顺利完成，她还会做一做总结，并为明天的工作做一下计划。有时候，她也会利用下班后的这段短暂的时间，找优秀的同事交流交流，也会和上司沟通沟通。

艾达每天都坚持早到办公室 10 分钟，每天晚走 10 分钟。虽然这点时间看似微不足道，然而，长此以往之下，给艾达带来的好处是极大的。由于在车上已经整理好了一天工作的头绪，做好上班前的准备，所以，她总能有条不紊地出色地完成本职工作。由于总是能提前完成原计划的工作，所以她有时间去多做一些事情，这使得她给老板的印象非常好。由于她能每天晚走 10 分钟，并利用这段时间多与优秀者学习，所以她的提升比一般人都要快。结果，艾达就赢得了比别人更快的提拔、更多的薪酬回报和更好的前程。

★★★★★

著名投资专家约翰·坦普尔顿通过大量观察研究，总结出这样一条定律：“多一盎司定律”。他指出，中等成就的人与突出成就的人所做的工作量并没有很大差别，他们所做出的努力差别很小，如果一定要量化，那么可能只是“一盎司”的区别。确实，比他人勤奋一点点，多做一点点，不仅是企业对员工的道德要求，更是员工取得成功的前提。实际上，“多一盎司定律”可以运用到社会生活的各个领域中，它是职业女性走向成功的有效途径。

李晴在大四临毕业的时候去了北京一家知名报社实习。因为这个单位无论是从人员构成还是从未来前景上看，都非常不错，于是她希望能够在毕业以后签约这家报社。

记者这种职业上班的时间不太固定，很多人都是在外面采访写稿子，工作时间没有严格的定义。而且因为她是一个实习生，所以单位对她的要求并不严格，愿意来就来，不来也没有人会说什么。但是她几乎每天都要到单位上班，她处理好学业后，就会立即到单位去，或是主动、积极地出去和记者跑新闻；或是和同事交流分析一下别人的报纸什么选题做得好，自己的报纸的选题哪些还需要加强。而且，即使平时没事的时候她也会去外面转一转，找找看有没有好的选题可以做。

有的时候，一些正式记者不愿意写的稿子或者是特别难采的稿子，都会让她去。换了别人可能早就抱怨了，但是她总会很高兴地把任务接下来，然后努力地去采访、去挖掘。虽然在采访过程中会遇到很多困难，但是她从来不叫苦，总是踏踏实实地去采写每一份稿子，熬夜加班的时候从来不抱怨。有好几次，她写的稿子还上过报纸的头版。

不过有些时候，李晴也会感到心里很难受。因为媒体是一个比较特殊的单位，实习生都没有底薪，基本上是靠稿费生活，而且记者这种职业的工作压力很大，所以在实习期间她不仅要承受经济压力，还有巨大的精神压力。还有，由于新闻业发展很快，新报纸层出不穷。每当有这种机会或诱惑的时候，一些同一时期来的、没签约的同事就纷纷另谋出路了，有的还劝她也早点离开。可她始终都没有动摇，一直坚持在原单位做事。

李晴觉得，虽然单位没有给她签约，但是部门的领导和同事都把她当作集体的一分子来对待。报社组织的活动会叫上她，甚至一些有关单位未来发展规划的重要会议，也邀请她参与进去。李晴觉得，现在找一份自己喜欢的工作相当困难，本身就非常热爱记者这个行业，从小的梦想就是当一名优秀的记者。而且自己家里也没有什么关系去走后门，能不能得到单位领导的认可，得到这份不错的工作，只能靠自己平时的努力和认真。所以，每当遇到一些不顺心的事，她总劝自己多忍一忍，再努力些，总会有被认可的时候。就这样，在这家单位实习了一段时间，她凭借自己的实力和忠于职业的精神，终于换得了报社一张正式签约的合同。

★★★★★

“比别人多付出一点”，这几乎是事业成功者高于平庸者的秘诀。俗话说：付出总有回报，付出多少，得到多少。在日常工作中，只要职业女性主动努力，勤奋工作，甘心奉献，主动付出，把它们做得更完美，你将会获得更多的回报，这是毋庸置疑的。有时，你甚至不必比别人多做许多额外的工作，只需做一点点额外的工作，就可以从众人中脱颖而出。

一个成功的推销员用一句话总结他的经验：“你要想比别人优秀，就必须坚持每天比别人多访问 5 个客户。”职业女性千万不要害怕付出，要知道懂得付出的人方能成就自我。从现在起，你也掌握了这个秘密，那就好好运用它吧！

第五章

诚实守信，品行端正的女性是最值得信赖的人

诚信工作是女性的优势。人这一生，可以没有金钱而过得清贫，可以没有美丽而普通，可以没有荣誉和权力而平凡，但不可以没有诚信。诚信是一种心灵的美丽、是一种精神的魅力。只有诚实守信，才能够赢得他人的信赖和敬重，让老板乐于接纳。一个没有诚信的人，在这个世界上会寸步难行，没有前途。

1. 诚信是职场取胜的法宝

诚信是优秀职业女性必备的美德之一。诚信是反映一个人、社会乃至国家声誉的重要标准，在社会经济迅速发展的今天，诚信更是一种无形资产。职业女性做到了诚信，就等于为人生添加了更多的色彩；做到了诚信，和你交往的人会多，朋友就会多，自己的路也就更宽了。你也可以从中受益。诚信与否，往往会让一个人的处境发生翻天覆地的变化。诚实的人终究会得到人生的奖赏；而不诚实的人，等待他的将是失败和一无所获。

有一位出差在外的先生，通过电话向一个彩票投注站买了7元的彩票。他委托投注站站主为他垫付钱，说等他回来再付账。但是结果他因为工作之故耽误了归程。没想到彩票开奖后，他接到投注站的电话，得知他那只有口头委托，没有其他任何证据买的彩票中了巨奖，奖金是518万元。这是一个真实的故事，发生在广东省兴化市。那个在巨奖面前毫无贪心的投注站站主叫林海燕，她因此被中国体育彩票中心授予“中国体彩发行诚信先进个人”的称号，兴化市和全国各地的人们纷纷前来看望这位诚信得近乎“愚蠢”的姑娘。

有位名人说过，小胜凭智，大胜靠德。诚信就是道德，是一种优秀的职业精神。在职场里，诚信是立身之道，是一种高尚的情操，它既体现了对他人的尊敬，也表现了对自己的尊重。一个守信用的人，走到哪里都会受人欢迎，不守信用的人只能处处受到人们的鄙弃。

★★★★★

柯达是一个非常注重员工诚信的企业，所以在招聘时对员工的诚信度要求也很高。一次，柯达业务部准备招聘几名营销员，在众多的面试者中，柯达要求应聘者如实地写出自己的优缺点。许多应聘者都怕自己的优点比别人少，被别人比下去，于是大多都夸夸其谈，甚至还有意夸大自己的优点，但在写缺点时，却又让人看不出自己写的是缺点。比如："我常常工作起来不注意身体""见了对公司不利的事就想管，因此经常得罪人""听不得别人对领导的不同意见"等，不一而足，这些人当然在第一轮的面试中就被淘汰掉了。

最让招聘者看重的则是一位没有"优点"的求职者。她是这样评价自己的："我的表现一般，如果一定要写优点的话，应该还算勤奋好学；缺点就是本人没有市场营销经验，性格又有些固执，可能对工作不利。"招聘者认为，这位应聘者的诚信是难能可贵的，因此，她成了那次应聘的第一个成功者。

★★★★★

由此可见，柯达宁愿放弃知识和能力比较强的应聘者，也不会随便给一个不诚信的人一次机会。招聘领导认为，一个人除了有家庭责任感以外，对老板诚信、守信是最重要的；一个不具备诚信的人，在工作岗位上也会玩忽职守。这样的人，公司怎么能让他进来呢？只有具有诚信品质的员工才具有稳定性，公司才能放心地对其进行培训；不诚信的人，再有能力也不可靠，因为他对企业的忠诚不能长久。因此，诚信才能赢得人心，是踏上成功的第一步台阶。

★★★★★

某保险公司竞聘销售经理一职，大家都认为此职非张萌莫属。张萌不但聪明能干，业绩、薪水比同期业务员的都高，而且还能和上司、同事搞好关系。可是，最终结果出来了，不是张萌，而是那个被大家认为有点傻的周彤彤，领导说要考虑长远利益。

大家都知道，保险业务经常被说为是可以挑战高薪的职位，因此很多人都是抱着能挣大钱的想法来工作的。因此，在工作中，很多人习惯给客户介绍多种产品组合，并对客户进行误导，以至于很多客户在不知情的情况下，购买双份或多份保险。当然张萌也不例外，她甚至还许诺给客户很多不在保险理赔范围内的事情，到客户索赔时，便将全部事情推给公司。聪明伶俐，能说会道的她，再加上那么些优惠政策，因此，张萌总能比别人多拉到订单，很快她的业绩便成为小组第一。

而周彤彤好像总是害怕客户吃亏，她总是站在客户的角度去想问题。她总是根据客户的收入、家庭结构等来设计产品组合，并同时给他们讲明各种产品的不同之处和利弊。由于她为人实在又很勤奋，她拥有同期业务员里最多的客户量，但拿到的订单却没有别人的多。因此，别人总认为她有点傻。现在，却让这么个人担任销售经理，很多人心里觉得不可思议。但领导似乎有领导的想法。

果然，一年后，领导的决断得到了验证。因为大家发现，不知道从什么时候起，周彤彤好像成了最忙的人，每天电话不断，还常常有人主动找她买保险。而原来小组第一的张萌不仅订单越来越少，而且由于原先许诺给客户的理赔方案无法兑现，致使客户不满，经常来到公司处理，搞得理赔部鸡犬不宁。张萌在公司的地位也每况愈下，最后只好引咎辞职。大家这才明白原来领导说的“长远利益”的含义。

★★★★★

一个人诚实有信，才能获得大家的认可，才能得到别人的尊重。一个人失去诚信，就失去了一切成功的机会。职业女性坚守一份诚信，无异于给自己一个可靠的护身符。

2. 做事先做人，培养诚信的价值观

人无信不立。诚信是为人处世的第一准则。任何个人与企业，都要守住道德的底线——诚信！为人处世首先要讲求诚实，以诚待人才会赢得别人的信任，没有这一点，一切都是无稽之谈。一位伟人曾经说过："世界上最聪明的商人是最诚实的人，因为只有诚实的人才经受得起历史和事实的考验。"在现实生活中，诚实的人却屡屡遭受欺负和讹诈，诚实被看作是"木讷"的代名词，甚至给诚实的人戴上了"老实无用"的头衔。但是，生活不会辜负真诚的人，终究会给予他们丰厚的回报。职业女性应该坚信，诚实是最受欢迎的品德，是赢得尊重的法宝之一。

★★★★★

有这样一个真实的故事：某小姐是国外一所名牌大学的在读博士生，每天都要乘坐地铁往返于学校和自己的住处。她发现地铁并没有设检票口，全凭乘客自觉买票。虽然有时有乘务员查票，但仅仅是抽查其中很少的一部分。于是，她动起了逃票的心思。在以后的学习期间，她乘地铁很少购票。

毕业后，她想在德国谋到一份薪水优厚的工作。但她去了多家公司，找了好久，却没有一家公司肯接纳她。她把自己的条件重新审视了一番，自己的毕业成绩很优异，所学专业也很热门，这些公司没有理由把自己拒之门外呀。于是，她决定再去一家公司面试，结果仍然同以前一样。

她实在想不明白，就给其中的一家公司发了一封电子邮件，询问自己不被聘用的原因。对方回复道："你的信用档案里有三次乘地铁逃票的记录，而逃票被抓的概率只有万分之三，那你没有记录在案的又有多少？"

这位留学生怎么也想不到，在自己看来微不足道的逃票行为，却断送了自己大好的就业前程。

在生活和工作中，每一件小事都体现着我们的人格品质。职业女性诚信做人才能拥有高尚的人格。在工作和生活中，一定要先做人后做事。每个人活在世上，都是有价值的，而其价值的体现在对待自己的工作时，我们必须是一个诚信的人。诚信是我们中华民族的优良传统，是做人做事的最基本行为标准。"诚信者，天下之结也"，这是中国古人从帝王到百姓都信奉的处世之本。孔子曾经说过"民无信不立""与朋友交，言而有信"，就是强调人们必须把诚信作为人生的重要信条。人这一生，可以没有金钱而过得清贫，可以没有美丽而普通，可以没有荣誉和权利而平凡，但人不可以没有诚信。

美国加州数码影像有限公司需要招聘一名技术工程师。一个叫史密斯的年轻人去面试，他在一间空旷的会议室里忐忑不安地等待着，不一会儿，有一个相貌平平、衣着朴素的老者进来了，史密斯站了起来。那位老者盯着史密斯看了半天，眼睛一眨也不眨。正在史密斯不知所措的时候，这位老人一把抓住史密斯的手说："我可找到你了，太感谢你了！上次要不是你，我可能再也看不到我的女儿了。""对不起，我不明白你的意思。"史密斯一脸迷惑地说道。

"上次，在中央公园，就是你，就是你把我失足落水的女儿从湖里救上来的！"老人肯定地说道。史密斯明白了事情的原委，原来老人把自己当成他女儿的救命恩人了。"先生，你肯定认错了！不是我救了你的女儿！"史密斯诚恳地说道。

"是你，就是你，不会错的！"老人又一次肯定地说道。史密斯面对这个对他感激不已的老人只能做些无谓的解释："先生，真的不是我！你说的那个公园我至今还没有去过呢！"听了这句话，老人松开了手，失望地望着史密斯说："难道我认错了？"史密斯安慰老人说："先生，别着急，慢慢找，一定可以找到救你女儿的恩人的！"

后来，史密斯接到了录取通知书。有一天，他又遇到了那个老人。史密斯关切地与他打招呼，并询问道："你女儿的救命恩人找到了吗？""没有，我一直没有找到他！"老人默默地走开了。

史密斯心里很沉重，对旁边的一位司机师傅说起了这件事。不料那位司机师傅哈哈大笑："他可怜吗？他是我们公司的总裁，他女儿落水的故事讲了好多遍了，事实上他根本就没有女儿！"

"噢？"史密斯大惑不解。那位司机接着说："我们总裁就是通过这件事来选拔人才的。他说过有德之人才是可塑之才！"

史密斯兢兢业业地工作，不久就脱颖而出，成为公司市场开发部总经理，一年为公司赢得了3500万美元的利润。当总裁退休的时候，史密斯继承了总裁的位置，成为美国的财富巨人，家喻户晓。后来，他谈到自己的成功经验说："一个一辈子做有德之人的人，绝对会赢得别人永久的信任！"

★★★★★

诚信是一种人生态度，一种做人最高的精神境界。一个人只有诚信做人，别人才能接纳你、信任你、帮助你。当你以诚信作为做人准则时，你实际上就是在积累财富。为什么这么说呢？因为诚信虽不是财富，但它可带来更多的财富，拥有它，便拥有了财富。所以，职业女性一定要有诚实守信的观念。职业女性应该使诚信贯穿在自己的所有行为中，用诚信要求自己，让诚信成为自己的习惯。当这种习惯形成的时候，也就是人格魅力增加的时候，更是人人欢迎的时候。

3. 言必信，行必果

诚信是人的诚实性和信用程度，它体现在一个人的个性、价值取向之中。传统意义上讲，诚信就是一个人的可靠程度和可信任程度，它是人品的核心部分。一个人的信用度如何，将直接影响到他在交际中的地位、形象和威望。2000 多年前，孔子就提出了“人而无信，不知其可也”的论断。“言必信，行必果”“一言既出，驷马难追”“一诺千金”等这些流传了千百年的古话，都是对诚信最忠实的阐释。因此，职业女性应该遵守诺言，言必信，行必果。

曾子是孔子的学生。有一次，曾子的妻子准备去赶集，由于孩子哭闹不已，曾子妻许诺孩子回来后杀猪给他吃。曾子妻从集市上回来后，曾子便捉猪来杀，妻子阻止说：“我不过是跟孩子闹着玩的。”曾子说：“和孩子是不可说着玩的。小孩子不懂事，凡事跟着父母学，听父母的教导。现在你哄骗他，就是教孩子骗人啊。”于是曾子把猪杀了。

曾子深深懂得，诚实守信、说话算话是做人的基本准则，若失言不杀猪，那么家中的猪保住了，但却在一个纯洁孩子的心灵上留下不可磨灭的阴影。曾子这样做，虽然物质上有了一些损失，可是曾子又在他的精神上收入了一笔可观的财富——诚信守诺。如果承诺了，就要信守自己的承诺。许诺以后就一定要履行承诺而不能失信于人，这关系到一个人的信用问题。虽然一个人做到诚实守信不一定能够成功，但不诚实守信一定不会成功。一个不诚实守信、自以为是、把别人当傻子的人，最后往往会成为“孤家寡人”，处于孤立无援的境地，当然更谈不上成功了。纵观各个行业的成功人士，诚实守信都是他们所有人的共同点。

★★★★★

《郁离子》中记载了这样一个因失信而丧生的人：济阳有个商人过河时遭遇风浪，眼看船就要沉了，匆忙之中他抓住一根大麻秆大声呼救。有个渔夫闻声驾船赶来了，商人急忙朝着渔夫喊道：“我是济阳最大的富翁，如果你能救我上岸，我一定给你一百两金子作为酬谢。”

可是等到渔夫把商人救上岸后，他却翻脸不认账了，只给了渔夫十两金子作为酬谢。渔夫责怪他言而无信，出尔反尔。商人却说：“你一个渔夫，一生都挣不了几个钱，突然得十两金子还不满足吗？”渔夫听了非常无奈，只好离去。

不久，商人乘坐的货船又遇到了风浪，在河水中翻了船。有个人准备去救那个商人，可是那个曾被商人骗过的渔夫看见了，就告诉他说：“他就是那个说话不算数的人！”于是，人们都不再愿意去救助那个商人，商人活活被河水淹死。

★★★★★

人无信不立。失信于人者，一旦他处于困境，便没有人再愿意出手相救，只有坐以待毙。人与人之间的交往只有建立在诚信的基础上，才能维系得长久。反过来，如果一个人因为贪图一时的小便宜，而失信于人，看起来似乎是得到了那么一丁点儿的实惠，但这点小小的实惠毁了自己的声誉，让自己落下一个不守信的恶名，这个恶名一传十、十传百，人尽皆知、影响深远，为自己以后的人生路埋下一颗炸弹。

★★★★★

小王在一家大公司上班已经两年多了，由于她能力很强，被任命为部门主管。但是她并没有与同事成为很好的搭档和朋友，反而感觉自己非常孤独寂寞，因为同事们好像都不喜欢和她来往，仅有的交往也就是工作上的交流。而且，她发现自己的任何指令和任务下达后，大家都不能够按时完成，总是拖拖拉拉，逾期交工。

于是小王便去咨询专家：怎样才能处理好和同事的关系？专家让她自己分析自己在人际关系方面的优点和缺陷。她回想了一下自己的行为，把优点和缺点分别列了出来，并且列出了一些事例作为证明：

优点：待人随和谦虚，很少乱评价人，无不良嗜好。

缺点：马虎大意，经常失言。

一次同事小刘向她借移动硬盘和程序回家维修电脑，结果她忘了给小刘，弄得急于用电脑的小刘十分不快。还有一次，下班她发现忘带钱包就向同事借了 10 元钱坐地铁，结果忘了还给同事。又一次，她组织部门的同事一起郊游。可是到了那一天，她自己突然不想去了，想去国家大剧院看演出，于是打电话告诉大家她不去了，可当时同事们已经在单位集合了……

小王说，都是一些小事，自己也没有大的缺点啊，为什么同事们都不愿意与自己打交道呢？为什么大家对自己的命令不当回事，总拖延工作，推迟完成任务呢？

专家摇了摇头说："你放别人的鸽子，别人也会放你的鸽子，小事也要讲诚信。在这些小事上都没诚信，有谁会相信你在大事上不失言呢？你作为部门主管组织活动，自己却不参加，还在集合时间请假，分明就是托词，是不拿集体活动和自己的命令当回事，那你的下属和同事又怎么会对你讲诚信，遵守你的指令呢？既然你是活动的组织者，就一定要参加活动，而且在时间充足到可以让你自由支配的情况下，你就该把工作和活动的时间安排好，不耽误大家的集体活动，而不是找借口不参加。"

★★★★★

车无轮不行，人无信不立，人与人之间的交往只有建立在诚信的基础上，才能维系得长久。法国作家左拉说："失信就是失败。"失信是最大的道德问题，绝不是真话假话这样简单的问题。只要向别人承诺了，就应该千方百计地为实现诺言而努力。如果努力了却无法兑现自己的诺言，要向对方讲明原因，求得对方的理解。无论是做人做事，还是企业生产产品、经营商品、提供服务，如果失信于人，只顾眼前的一点利益，那么，损失的将是意想不到的大利益。因此，诚信对于职业女性来说是很重要的，谁丧失了它，谁就会失道寡助，招致失败的厄运；谁恪守它，谁就会得道多助，人生的道路就会越走越宽。

4. 以你的真诚去换取别人的真诚

成功往往与真诚结伴而行，真诚是一个人最基本的人格要素，也是做人最基本的道德要求。真诚是成功的基石，也是一个人走向成功的目标。所以，真诚对人，不为眼前利益，欺瞒说谎，你才可能结交真正的朋友。无论待人还是处世，职业女性应该学会以"诚"字作为自己做人的原则，这样才能得到别人"真诚"的回报。

北宋著名词人晏殊，还没有成年时就参加殿试，他一拿到试题，说："我十天前已做过这个题目了，而且文章草稿还保存着，请皇上换别的题目吧。"结果真的换了试题。宋真宗特别喜欢晏殊的诚实。有一年，宋真宗允许臣僚们挑选旅游胜地举行宴会。各级官员都踊跃参加。晏殊这时手头拮据，没钱参加这项活动，便留在家里读书。这天，宋真宗挑选辅佐太子的官职，出人意料地在百官中选任晏殊。宰相问真宗是什么用意。真宗解释说："我听说各级官员，无不游山玩水，大吃大喝，通宵达旦，歌舞不绝，唯有晏殊闭门与兄弟读书，如此谦厚，正可担当辅佐太子的重任。"晏殊听说后，便老老实实向真宗说："我并不是不喜欢游乐吃喝，只是因为我实在没钱。如果有钱，这些旅游宴会我也会参加的。"宋真宗越发佩服晏殊的诚实，加上晏殊懂得为臣之道，便越来越受到真宗的重用，到宋仁宗时，晏殊被任命为宰相。

真诚是为人的根本。那些取得巨大成功的人都有许多共同的特点，其中之一就是为人真诚。自古以来，真诚就是一种永恒的人性之美。不管是什么时候，也不管是在什么情况下，真诚都能让你赢得他人的信任和回报。人与人的感情交流具有互动性。一个人如果要想与人成为知心朋友，首先得敞开胸怀。要讲真话、实话，切忌遮遮掩掩、吞吞吐吐、令人怀疑，以你的真诚去换取别人的真诚。请记住：只有真诚对待对方，才能赢得对方的信赖。

真诚是做人的基本准则，是人生的亮点。一个人要想在职场立足，干出一番事业，就必须具有诚实守信的品德。

小梅原本在一家百货商行负责销售的工作，由于她热情接待每位客户，因此短短半年内，她的销售成绩斐然，为公司带来许多利润。然而因为市场竞争，经济不景气，商行的生意突然一落千丈，让小梅和其他员工措手不及，无所适从。

迫于公司财务难以维持，老板只好缩小商行规模、裁员资遣，以渡过难关。小梅也成了其中被裁掉的一员，不过当清算年资时，小梅发现老板多给了半个月的工资。当时，她心想是老板搞错了，还是故意想考验她。这半个月的工资该怎么处理？要还是不要呢？

小梅想了好久，最后还是决定告诉老板，他多发了半个月的工资。老板把钱拿在手中说，小梅是所有离职的员工中，唯一退还这不该得工资的诚实员工，并说只要将来商行的生意恢复了，还会叫她回来上班。

离开公司好几个月的时间，小梅靠着以前的积蓄生活，并到处打工，勉强赚取房租、填饱肚子。她心想，老板说之后会再请我回去，也许只是客套话罢了。哪知道，老板真的打电话来了，原来商行生意又奇迹般地好转起来，正需要像小梅这样诚实的员工。于是，小梅摆脱艰苦的日子，重新回到商行，被聘为业务经理。

★★★★★

真诚是天底下打开心门的唯一一把钥匙，也是职业女性不可缺少的一种职业道德。如果你拥有真诚，及真诚之心对同事，用真诚之心对工作，你一定可以如鱼得水。

美国心理学家安德森曾经做过一个实验，他制定了一张表，列出550个描写人的品性的形容词，让大学生们指出他们所喜欢的品质。实验结果明显地表现出，大学生们评价最高的性格品质不是别的，正是“真诚”。在八个评价最高的形容词中，竟有六个（真诚的、诚实的、忠实的、真实的、信得过的和可靠的）与真诚有关，而评价最低的品质是说谎、装假和不老实。安德森的这个研究结果具有现实意义。在职场中，人们总是喜欢诚恳可靠的人，而痛恨和提防口是心非、虚伪阴险的人。职业女性待人心眼实一点，守信一点，能更多地获得他人的信赖、理解，能得到更多的支持、帮助和合作，从而获得更多的成功机遇，最后脱颖而出，点燃闪亮人生。

5. 踏实肯干，塑造诚信的职业口碑

有记者在采访李嘉诚时问道："您的企业在选拔、使用年轻人的时候，掌握什么样的标准？什么样的人您喜欢用？什么样的人您不敢用？"李嘉诚语重心长地回答："不脚踏实地的人，是一定要当心的。我看人并不保守，但我认为，一个根基不好的人，不脚踏实地，信用就有问题，不管多有才能，这都是第二位的。"

万丈高楼平地起。做任何事情都必须脚踏实地，不能祈求一蹴而就，一步登天。在职场中常常有这种情况：有些年轻人胸怀大志，但又有点好高骛远，他也在思考，不过他的这种思考是在想入非非，而且还不愿老老实实地学习、踏踏实实地行动。长此以往，他便成为了一个空想家，最后什么事也没干成。因此，职业女性要踏实肯干，塑造诚信的职业口碑。

★★★★★

有一个留学生利用课余时间为餐厅洗盘子以赚取学费。当地餐饮业有一个不成文的规定，餐厅的盘子必须用清水洗上六遍。洗盘子的工作是按照件数来计算的，所以她每次都少洗一遍，这样一来就大大地提高了效率，自然能多挣一些工钱。和她一起洗盘子的学生向她请教技巧，她大言不惭地说："也没有什么技巧，就是少洗了一遍啊，洗了六遍的盘子和洗了五遍的盘子有什么区别吗？"这个学生听了以后，渐渐地与她疏远了。

在一次抽查中，老板用试纸抽查出了少洗一遍的盘子，老板问她为什么这么做的时候，留学生回答说：“洗五遍和洗六遍不是一样干净吗？”老板只是淡淡地说：“你是一个不诚实的人，你间接地欺骗了顾客对你的信任，践踏了顾客对你的忠诚，请你尽快离开吧！”

留学生又到其他餐厅去找洗盘子的工作。老板认真地看了她一小会儿，说：“我认出你来了，你就是那个洗五遍盘子的留学生吧，对不起，我们不需要你。”接下来的第二家和第三家餐厅，都是相同的情景。后来，她的房东也要求她退房，因为她的坏名声，对其他学生产生了影响。甚至她就读的学校也要求她离开，因为她影响了学校的生源。

最后，她无奈地搬到了另外一个城市，一切不得不重新开始。

★★★★★

诚信是人类灵魂和道德天平上最沉重的砝码。没有它，人类的灵魂和道德将会充斥虚假和伪善。一个人诚实有信，才能获得大家的认可，才能得到别人的尊重。一个人失去诚信，就失去了一切成功的机会。诚信是一涧山巅的飞泉，唯有它，方能洗尽浮世铅华，洗尽躁动不安的心境与虚假。有宝贵的诚信作指导，人生才丰富多彩。

★★★★★

许女士的一位亲戚是某个日系家电产品的经销商之一。许女士经常会吹嘘自己又给某个朋友买了折扣很好的液晶电视，也会对很多同事许诺，如果同事有需要就告诉她，她能够拿到很好的折扣。但事实是许女士只为自己的主管和经理兑现过承诺，而她给同事的承诺，不是因为亲戚出差，就是因为产品断货，总之是没有实现过。时间长了，大家也就很清楚地知道这个好处并不是谁都可以享受的。

一日，一位新到任的经理在和大家闲聊的时候说起自己的新房子终于交付使用，现在正在装修中。许女士于是又不失时机地给了能够六折买电视的承诺。熟悉许女士的同事看到她积极的样子，不禁莞尔一笑。不久，新任经理再次和大家闲聊时说电视已经安装好了，并对许女士的帮助表示感谢。在许女士兴奋地去茶水间倒水的工夫，两个同事在旁边貌似无意地询问经理这个电视的效果如何，价位如何，打了多少折扣。当经理说许女士的亲戚给打了六折的时候，同事甲说："上次刘总那个电视不是打了五折吗？"同事乙赶紧说道："不一样，不一样，咱们主管上次也是托许女士打折，才给了七折，和咱们主管比起来，经理的面子大多了！"等许女士从茶水间回到聊天现场的时候，经理脸上早已阴云密布。

诚信不仅是社会中每个人所应遵从的最基本的道德规范，而且也是处理好人与人之间关系的准则。对职业女性来说，诚信是无言的，但它的力量却是巨大的。在一个人的一生当中，可以没有金钱，也可以没有荣誉，但绝不能没有诚信。"人，以诚为本，以信为天。"有了它，你才能和别人相处得更加融洽；有了它，你的生活才能更加滋润；有了它，你的人生才能更加丰富多彩。

6. 恪守信约，成为值得信赖的职业女性

人生最重要的资本是信用。信用是彼此之间的约定，尽管它无体无形，却比任何法律条文更具震撼力和约束力。一个没有信用的女性，要想跻身成功者的行列，几乎是不可能的。因为没有人会愿意和一个没有

信用的人打交道。而那些成功的职业女性，都将“信用”看得无比重要。

如果承诺了，就要信守自己的承诺。许诺以后就一定要履行承诺而不能失信于人，这关系到一个人的信用问题。承诺就是一种责任。如果你不想承担这份责任，或者说没有能力承担这份责任，那么就不要轻易地承诺。承诺是庄重的、严肃的，故此对别人许诺了，就要去实现诺言，不要再找任何借口推托。

信守承诺，才能获得别人的信任。生活中，有些人在生活或工作上经常不负责，许下各种承诺，却不能兑现承诺，结果给别人留下恶劣的印象。比如你今天答应一个朋友要一起吃顿饭，可是临时有事你去不了了；比如你跟一个曾经的同事打电话说明天我去看你，可是最后因为一些原因你没去；再比如你答应要帮别人办某件事，到最后那个人一直等不到你的消息，等等。试想一下，那些相信承诺的人在傻傻地等承诺的实现，可是那些许下承诺的人却早已忘记了自己的诺言，或者是身不由己无法实现承诺。不管怎么说，当承诺无法实现时，这对于那些等待承诺实现的人都是一次不愉快的经历。如此一来，你的形象就会大跌，别人也就不会再相信你了，也不再愿意与你共事，不愿再与你打交道。所以，如果承诺某件事情，你必须办到，哪怕是付出巨大的代价。

★★★★★

有一位女会计下岗后和失业的姐妹们搞起了一个编织加工的厂子。由于她们的编织品花色品种多、质量好，外贸部门为她们争取来了一份韩国订单——编织毛线帽。

但是韩国客户把价格压得很低，质量要求又非常严格，时间也很紧。这位女会计和姐妹们为了树立企业的良好形象，获得更多订单，决定宁肯少赚一些钱，多吃一些苦，也一定要按时交货。

可是，不久韩国的客户又改变了产品的图纸，从原材料到花色品种都做了很大地调整，但交货时间却没有推迟一天，依然按原定时间交货。这简直是毁约。然而，为了保住订单！面对韩国女老板挑剔的眼神，女会计狠狠心，豁出去了，决定继续完成订单。她们夜以继日，废寝忘食，终于按时把完全符合质量要求和设计标准的产品交到了客户的手中。

苛刻的韩国女老板非常感动，她向女会计和她的姐妹们鞠躬致敬。之后，女会计和她的姐妹们迎来了一批又一批的订单，她们的小编织厂也一扩再扩，竟发展成了拥有上千人的大厂子。

在现代社会中，只要是涉及人与人的交往就需要契约，需要履行契约责任，贯彻契约精神。契约可以是法律意义上的合同和约定，也可以是人们公认的道德上的准则和规范。因此，在职场里，一个没有契约精神的人是不可能获得别人的认可与尊重的，更不会成为企业最器重的人。

1991 年，温州少女徐云旭踌躇满志，向母亲“借”了 5000 元，在温州市区人民路温州大厦租了间店面，做起了服装零售生意，从此与服装行业结下了不解之缘。1993 年，踏入商界刚两年的徐云旭凭借过人的胆识和独到的生意头脑，成功创办了腾旭企业。徐云旭深知腾旭以外贸起家，要与国外企业往来除了过硬的产品质量外，企业的信誉也是长期合作的一把“金钥匙”。因此，创业之初，徐云旭就将诚信视为企业的安身立命之本。记得在一次与意大利客商合作时，客户订单量很大，由于原材料一时无法购置齐全，合同中选择的又是运费相对较低、周期较长的航运，经推算恐无法按预期交货。为履行合同，保证货物如期到达客户手中，徐云旭不惜增加近 50% 的成本，当机立断将航运改为空运，终于如期交货。当发现货物是空运所至时，客户便给她发邮件表示：“徐云旭女士，货物我们已经收到了。您的举动让我们太意外了，为了让我们按时收货，竟让企业承担高成本，利润少得几乎为零。您诚信的品质让我们感动，我们希望和您保持长期合作关系。”可徐云旭却觉得这只是极其应当的行为，她回复道：“诚信是做人之根本，立业之基础。”

诚信与人，便信任于己。正是敢于承担、诚信为本的理念使她的生意越做越顺。她的企业也发展成了拥有上亿产值的大公司。

★★★★★

诚信守诺是为人处世的基本原则，是取信于人的良策，是处世立身、成就事业的基石。诚信与否，往往会让一个人的处境发生翻天覆地的变化。一名职业女性只有诚信守诺，才能够赢得他人的信赖和敬重。从这种意义上说，诚信就是财富。

第六章

聪明能干，执行力强的女性才能出类拔萃

工作中，职业女性必须遵守纪律、服从命令，一切行动听指挥。这就意味着面对一项任务，必须要严格执行，而不是自行其是，另搞一套！许多成功的人，都是因为养成了良好的执行习惯，才在工作中有完美的表现。因此，职业女性一定要增强执行力，只有这样才对得起自己的努力和热情，才不会给工作留下遗憾。

1. 学会服从，聪明女性不擅自替上司做决定

在职场中，服从是优秀职业女性必备的美德。服从是执行的基石，是执行的第一要素。老板和上司赏识的也正是具备这种责任感的员工，把任务交给这样的员工，既放心，又省心。她会不找借口地执行，也会自动自发地把任务执行到底。

对于企业来说，没有服从，一切都无从谈起。一个具有卓越执行力的企业，一定是建立在意志统一、绝对服从、令行即止的基础上的；一个优秀的职业女性，一定是具有绝对服从的意识，积极服从，主动服从的。二者之间互为因果，相辅相成，相得益彰。企业的整体利益，不允许员工我行我素、抗令不遵；员工的个人利益也只有服从企业的利益才能得以实现。

一家大超市采购部的经理戴云放下电话，就嚷了起来："糟了！那家便宜的东西，根本不合规格，还是维多公司的货好。"他狠狠地捶了一下桌子说："可是，我怎么那么糊涂，还把维多公司臭骂一顿，这下麻烦了！"

秘书海伦娜小姐转身站起来说："是啊！我那时候不是说吗，要您先冷静冷静，再写信，您不听啊！"戴云说："都怪我在气头上，以为维多公司一定骗了我，要不然别人怎么那么便宜。"戴云来回踱着步子，突然指了指电话说："把维多公司的电话告诉我，我打过去向他道个歉！”

海伦娜一笑，走到戴云桌前说：“不用了，经理。告诉您。那封信我根本没发。”戴云惊奇地停下脚步，问道：“没发？”海伦娜笑吟吟地说：“对！”戴云坐了下来，如释重负，停了半晌。突然抬头问：“可是，我不是叫你立刻发出的吗？”

海伦娜转过身，歪着头笑笑，说：“是啊，但我猜到您会后悔，所以就压了下来。”戴云惊讶地问：“压了三个礼拜？”海伦娜得意地说：“对！您没想到吧？”戴云冷冷地回答：“我是没想到。”戴云低下头去翻记事本：“可是，我叫你发，你怎么能压？那么最近发南美的那几封信，你也压了？”海伦娜说：“那倒没压。我知道什么该发，什么不该发！”没想到戴云居然霍地站起来，沉声问道：“是你做主，还是我做主？”

海伦娜呆住了。眼眶一下湿了，颤抖着问道：“我……我做错了吗？”戴云斩钉截铁地说：“你做错了！”海伦娜被记了一个小过，但没有公开，除了戴云外，公司里没有任何人知道。真是好心没好报！一肚子委屈的海伦娜再也不愿意伺候这位是非不分的上司了。她跑到克里经理的办公室诉苦，希望调到克里的部门。克里笑笑：“不急，不急！我会处理。”隔两天，果然做了处理，海伦娜一大早就接到一份解雇通知。

★★★★★

不服从上司的工作安排，后果只能是付出代价。海伦娜小姐就是擅自做主最后导致被解雇。作为企业的员工，你必须知道，无论你帮上司管了多少事情，也无论上司多糊涂，甚至依赖你到连电话都不会拨的程度，但他毕竟还是你的上司，任何事也毕竟还是由他做主。所以，你不管任何时候必须服从。想要使自己在职场上立住脚，必须要视服从为天职。

在职场中，无论你处于何种职位，都不可能没有上司（除非你是最高管理者）。与上司打交道，职业女性一般会经历如下程序：接受指示、命令、执行任务，工作完成后的汇报。一切工作都是从接受上级指示和命令开始的。当上司委派工作时，我们应立即停下自己手中的工作，准备记录。我们不应打断上司的话，要边听边总结要点，要充分理解指示的内容，明确完成工作的期限和主次顺序。当然，为了更好地理解上司的意图，我们可以要求上司解释一番，但若是你心不在焉，上司讲话的时候要"再说一次"，上司马上会觉得这个人对自己不恭，从而影响他对你的信任。职业女性要学会尊重上司，对上司做出的正确决策，应及时、切实地执行。如果上司做出的决策确实与你的思路相差甚远，那也不妨先执行这个决策，然后私下里再找领导交流，提出你的看法，通过交流弄清上级领导做出此等决策的意图。这样，你才能知道在实际工作中，通过何种途径，在什么程度上贯彻上级决策。因此，服从上司是员工取得成就的必备条件。绝对服从，你就获得了在职场里成功的万能钥匙，从此以后，无论遇到什么样类型的老板，不管做的是什么样的工作，你都能成为最出色的员工，最当红的人！

★★★★★

有一位年轻人，上司让她去一个新的地方开辟市场，那是一个十分偏僻的地方，在很多人看来公司产品要取得销路是十分困难的。因此，在把这个任务分派给这位年轻人之前，上司曾经三次把这个任务交给过公司里其他人，但都被他们推脱掉了，因为这些人一致认为那个地方没有市场，接受这个任务最终结果将是一场徒劳。年轻人在得到上司的指示后什么也没有问，只带着一些公司产品的样品出发了。

两个月后，年轻人回到公司，她带回的消息是那里有着巨大的市场。其实，在她出发之前，她也认定公司的产品在那里没有销路。但是，由于她的服从意识，她依然选择前往，并用尽全力去开拓市场，结果最终取得了成功。

★★★★★

在职场中，如果你想成就自己，做一个执行高手就必须养成服从的习惯！服从是执行的前提，有服从才有执行力。只有服从上司的安排才是保证执行的最好方式。接到任务，坚决服从！即便你在接受任务的时候还不具备成功的条件，你也要告诉你的上司你能行，唯有这样，你才能抛弃所有的退路，千方百计地去克服困难，为最后的成功创造条件。

在职场中，有些职业女性经常会质疑老板和上司，不愿意服从，有些是“口服心不服”，执行起来敷衍塞责，应付了事，其实，出现这些想法，并不是老板的问题，而是员工的态度出现了问题。比如有些员工服从意识淡薄，对上级的命令指示，喜欢讲价钱，讲条件，甚至搞“上有政策，下有对策”，表面一套，暗地一套；对各项规章制度，喜欢搞所谓的“变通”“细化”，制定一些与制度相违背的“土政策”“土规定”等。这些不仅会使企业正常的发展指令得不到及时的贯彻执行，而且会使员工养成一种恶劣的自由主义风气，久而久之，会影响企业的整体建设，损害企业的整体竞争力。显然，这是极其错误的做法，要早点改掉。

2. 遵循工作流程，第一次就把事情做对

在职场中，职业女性工作时要遵循工作流程，规范操作。规范操作是一种作业标准化。所谓作业标准化，就是对在作业系统调查分析的基础上，将现行作业方法的每一操作程序和每一动作进行分解，以科学技术、规章制度和实践经验为依据，以安全、质量效益为目标，对作业过程进行改善，从而形成一种优化作业程序，逐步达到安全、准确、高效、省力的作业效果。

据说日本人邮寄东西有重量限制，超过5千克要另外收费。一次，有人寄一封夹有两张信纸的信。按照中国人的做法，两张信纸想都不用想，肯定不会超过5千克，所以根本用不着再去称重量。但日本邮局的工作人员不这么想，他不管你要邮寄的东西有几千克，拿过来走的第一个程序就是过秤。秤显示出来的重量不超标，他才会做第二道程序。

明明看一眼就能判断出重量的邮件，日本人为什么还要按规范执行？因为他们尊重工作规范。尊重规范才能有效执行，一个对规范流程不尊重、不信任的员工，不可能百分之百地按流程执行。可是，我们又为什么要尊重规范流程呢？答案是因为它对我们每个人的利益有好处。

小林是一家广告公司的会计，一天，她结完账后，才发现应收账款与总账相差1200元，但对于哪里出了差错却没有一点头绪。小林只能从月初的第一张记账单开始查找，可是每张凭证都没有出错。于是她又把明细账与凭证对了一遍，也没错。于是，小林又一笔一笔地核对凭证汇总的结果，最后终于找到了原因，原来汇总时她把科目汇总错了。为了这1200元，小林花了整整一个下午，最终错误找出来了，账要改，报表也要改。如果当初小林认真、仔细一点，就不用再浪费这么多的时间和精力。从此以后，小林抱定一个念头：不做则不做，做就把事情一次做对。

对于现代企业和组织来说，也许最应该提的两个字就是“到位”。毫不夸张地说，企业和组织里从来不缺乏聪明人，也从来不缺乏能够做大事的人，但是缺乏那种能够将工作踏踏实实地做对并做到位的人。作为职业女性，不管你是初入职场的新人，还是久经磨炼的职场老手，在激烈的职场竞争中，第一次就把工作做到位是最基本的要求，也是我们做好工作的目标。“第一次就把工作做到位”是一种最简单、最高效的工作方法。只有将工作做到位，才能创造出最好的结果。只有将事做成，工作才算真正有了结果。如果只是敷衍了事，就等于在浪费时间。任何工作，都值得做好，任何值得做好的事情，都值得做得尽善尽美。第一次就把工作做到位，这是你做好工作的前提。如果你连自己的工作都不能好好地完成，这样的职业女性又如何能获得工作的回报呢？

凡事做到位，结果才完美。尽力把工作做到位，这是公司对员工最基本的职业要求。完成了工作任务，不等于达到了预期结果。作为企业的一分子，最起码的标准就是把工作做到位，各行各业都会喜欢这样的员工。反之，如果你对待工作总是得过且过，从来不会努力把工作做到位，那么你永远也无法达到成功的顶峰。

3. 立即行动，做一个有行动力的职业女性

世界上最远的距离是什么？是嘴和手之间的距离。现在的人最缺的不是好的创意和构想，也不是能言善辩的口才，而是行动能力。一个人能否取得成功，不在于学了多少，说了多少，想了多少，而在于他做了多少。因此，说到和做到之间的距离确实可以是最远的距离，当然也可以是最近的距离。要成为受欢迎的职业女性，关键在于，你能不能“现在行动，马上去做”。克雷洛夫说：“现实是此岸，理想是彼岸，中间隔着湍急的河流，行动则是架在河上的桥梁。”行动才会产生结果，行动是成功的保证。任何伟大的目标、伟大的计划，最终必然落实到行

动上才能实现，行动是完成计划和获得成功的保证。

小亮第一次跟小云约会，紧张万分。尽兴地玩了一天后，小亮送小云回家。路上，眼见四处无人，小亮轻声说："小云，我可以吻你吗？"小云双颊绯红，低头不语。小亮以为小云没听见，就壮了壮胆，大声说："小云，我可以吻你吗？"小云仍旧没有反应。小亮不知怎么回事，但还是鼓足勇气，喊道："小云，我可以吻你吗？"谁知道小云生气地调头就走，边往前冲边说："没用的家伙，只会说，不会做！"

这个社会有很多人，都像小亮一样，有想法，也敢说，可就是不敢做，所有的想法都停留在脑海之中或是口舌之上，永远都在等、在琢磨，蹉跎了无数的岁月，头发在"空想"中由黑变白，却始终不曾向现实迈出一步，更等不到梦想成真的那一天。成功只存在于行动中，没有行动，再好的想法也是空谈，就好比99℃的水少了1℃就不能沸腾。温水和开水的差别就在于这微不足道的1℃。然而，这一步之遥、一度之差又总是艰难和智慧的一跃，是成功与失败的分水岭。这一步，归根结底，就是行动。一次行动胜过百遍心想。成功者是每天都靠行动来落实自己的人生计划的。

20世纪50年代，英国街头的青年人都喜欢身穿奇特的黑色服装。但是，一位来自威尔士的女士玛丽·奎恩特，却改变了青年人对服装的看法。

玛丽·奎恩特，1934年出生于英国威尔士的阿伯腊斯特威思，她是一个教师的女儿。16岁时，她到了伦敦，就读于伦敦金饰学院绘画系，毕业以后在女帽商埃里克的工作室里开始她的设计生涯。她的设计对象正好是针对当时还未引起人们注意的少女时装。当时，女孩们衣着毫无特色，通常是穿着母辈的老式衣服。玛丽认为，年轻女孩子们的穿着古板过时，她们应该穿真正属于21世纪的女装。玛丽希望自己能够引领这一潮流，有了这个目标后，玛丽立即行动起来。

1955年，玛丽和丈夫在伦敦著名的英王大道开设了第一家“巴萨”百货店。他们的服务对象就是面向年轻女性，玛丽推出的第一件服装，就是后来闻名遐迩的迷你裙。虽然当时他们俩的产业极小，更属时装界的无名之辈，但这种微弱的震动，恰恰预示着服装界未来的强烈地震，这是具有划时代意义的一步。玛丽当时的战斗口号是：“剪短你的裙子！”

1965年，迷你裙风靡全球，玛丽进一步把裙下摆提高到膝盖上四英寸，英国少女的装扮已成为令人羡慕和效仿的对象。这种风格被誉为“伦敦造型”。到了20世纪60年代中期，“伦敦造型”成为国际性的流行样式。新时装潮流不可遏制，青年人狂热地追捧迷你裙，中年女性也以惊羡的目光接受这一变革，多种不同的迷你风格装应运而生。

新一代的设计家皮尔·卡丹、古海热、圣·洛朗、安伽罗等也都相继推出一组组风格各异的迷你裙系列。这一年，英女王伊丽莎白访问美国，当她的船抵达纽约时，美英时装团体组织了迷你裙大型表演。这时，即便是最保守的高级时装店，也悄悄地剪短了它们的裙子产品。

玛丽的理念赢得了全世界女性的认可。玛丽认为，“生活的道路一旦选定，就要勇敢地走到底，决不回头。”这位叱咤风云的女设计家很快成为一个精明的企业家。她的事业蒸蒸日上，从经营一个捉襟见肘的小本经营店，发展到年收入1200万美元，分布全英国的百余家时装商店，它们专营摩登、别致、价格适中的时装，起皱衬衫，闪光的紧身运动衣等，引领时代潮流。后来，她的经营范围遍及许多国家，仅美国就有320位经销商，已成为百万富商行列中的一员。

★★★★★

对工作不拖延，抓住稍纵即逝的宝贵时机，才能实现梦想。玛丽的经历告诉我们："现在就要开始行动了。想做的事情，马上动手，不要拖延！"这是很多职业女性的成功经验，这种经验，同样适合于任何人。如何做到"想做的事，立即去做"，这就需要职业女性养成从小事做起的习惯，当这种习惯深扎于你的内心之后，你就会达到"水到渠成"的境界。因此，马上行动可以应用在人生的每一个阶段，帮助职业女性做自己应该做却不想做的事情。

4. 落实到位，保证完成每个任务

落实就是把想法变成行动，把行动变成结果，这其实就是一种执行力。没有落实就没有成功。现代组织的最大问题就是没有执行力。无论多么宏伟的蓝图，多么正确的决策，多少严谨的计划，如果没有高效的执行，最终的结果都是纸上谈兵。行百里者半九十，执行的关键往往在最后的10%。十里不走，目标就不能达到，任务就不算完成。最后的10%如果执行不到位，前面就是白执行，甚至比不执行更糟糕。因此，职业女性高效执行的关键就在于落实到位。执行不到位，等于没执行。

有这样一个寓言故事：耶稣带着他的门徒彼得远行。途中，他们发现了一块破烂的马蹄铁。耶稣让彼得把这块马蹄铁捡起来，但彼得懒得弯腰，假装没有听见。耶稣自己弯腰捡起了马蹄铁，用它在铁匠那儿换来3文钱，并用这些钱买了18颗樱桃。出了城，师徒二人继续前行。他们经过的是茫茫荒野，土地干涸。耶稣猜到彼得渴得厉害，就把藏在袖子里的樱桃悄悄地掉出一颗。彼得一见樱桃，赶紧捡起来把它吃掉。

耶稣边走边“掉”樱桃，彼得也就只得费力地弯了18次腰。耶稣笑着对彼得说：“如果一开始你能按我要求的做，你只要开始时弯一次腰就行了，就不会在后来没完没了地弯腰了。”彼得因为没有按照耶稣的要求去做，所以给自己带来了很大的麻烦，不得不弯腰18次。如果他一开始就能“落实”耶稣的指示，他只要弯下一次腰就行了。

★★★★★

事实证明：如果不能有效地落实，就不可能顺利地吃上“樱桃”。只有抓好落实，才能把科学决策变成实践，才能把任务变成行动，才能把美好蓝图变成现实。

在职场中，做事落实不到位是一些职业女性的通病，是许多企业执行力不强的重要原因之一。因此，如何提升执行力是摆在每一位企业领导者面前的一项极其重要的任务。对一个单位的工作而言，没有落实与执行，再完善的制度也是一纸空文，再正确的政策也不会发挥其应有的作用，再理想的目标也不会实现。

★★★★★

有一次，希望集团总裁刘永行去一家韩国面粉公司参观。然而就是这次普通的参观，带给他很大的刺激，以至于回国后几个晚上都难以入眠。

这家面粉厂属于西杰集团，每天处理小麦的能力是1500吨，却只有66名雇员。一个只有几十名员工的小厂，其工作效率之高令刘永行惊叹不已。在国内，相同规模的公司一般日生产能力只有几百吨，而员工人数却高达上百人，即便是250吨日处理能力的工厂也要有七八十名员工，日生产能力却仅有韩国工厂的1/6。

为了弄清楚其中的奥秘，刘永行与这家工厂的管理层进行了深入地交谈，了解到他们也在中国投资办过厂，当时的日处理能力为250吨，员工人数却高达155人。同样的投资人，设在中国的工厂与韩国本土生产效率居然相差10倍之遥，效益自然也不会太理想，磨合了一段时间，觉得没有改善的可能性，就将工厂关闭了。

两家工厂的效率为什么有如此大的差距呢？是设备的先进程度不同，还是管理方法有差别呢？当然都不是，韩国本土工厂是20世纪80年代投入生产的，而与中国的合资厂却是在20世纪90年代建设起来的，设备比原来的还先进。恰好，刘永行遇到了那位曾在中国负责工厂的韩国厂长。

怀着极大的好奇心，刘永行特意请教这位厂长："为什么同样的设备、同样的管理，设在中国的工厂却需要雇用那么多员工呢？"那位厂长回答得很含蓄："也许是中国人做事落实不到位吧。"而正是这么一句轻描淡写的话，却让刘永行回国后彻夜难眠。他知道，当着一群中国企业家的面，那位厂长的话已经是十分客气了。在这句平淡的话背后，一定藏有许多难言之隐，一定有许许多多不为人知的管理问题。

落实是一种观念，一种责任，一种意志，一种文化，一种有效的执行力。工作时要集中精力，狠抓落实。企业的执行力是一个系统、组织和团队。要提高企业的执行力，不仅要提高企业从上到下的每一个人的执行力，而且要提高每一个单位、每一个部门的整体执行力，只有这样，才会形成企业的系统执行力，从而形成企业的执行力、竞争力。作为一个企业，再伟大的目标与构想，再完美的操作方案，如果不能强有力地执行，最终也只能是纸上谈兵。要提高企业的执行力，首先要从落实上得以体现。只有比别人做得好，落实更到位，执行才能更有效果。

记得有这样一篇讽刺文章：某单位申请添购一只普通水壶的报告，竟"旅行"了半年之久，而且最后还因各种批示矛盾、含糊，使下级无法具体执行。其过程是：

总务科副科长批“同意购买”；王科长批“不同意购买”；办公室李主任和王主任只画了个圈；行管局孙副局长批“要注意关心群众生活，应该添置”；钱副局长批：“一只水壶也要旅行，何其荒唐！不精简机构，不整顿作风，怎么行？建议以此为例，在干部中进行教育”；张局长批“同意”。局长到底同意哪种意见呢，申请者是丈二和尚摸不着头脑。

工作重在落实，这样才能提高工作效率和业绩。100 多个公章，科长、局长们的画圈，都充分说明了流程的烦琐。这种烦琐的落实流程，最终让落实的主体失去了耐心，从而影响了工作的落实。职业女性如果做什么事情都拖拖拉拉，不能把工作做到位，那样不仅会浪费更多的时间和精力，还会给人以能力差和态度不认真的印象。不管你是初入职场的新人，还是久经磨炼的职场老手，在激烈的职场竞争中，把工作落实到位就是最基本的要求，也是我们做好工作的目标。

5. 追求完美，一丝不苟地做好工作

完美的结果对于工作有一个基本原则：能完成 100% 的，就绝不只做 99.9%。在企业竞争理念不断变化的今天，职业女性抱着“工作差不多的态度”是不行的，只有力求完美才是制胜之道。在职场中，很多职业女性认为自己的工作太过简单，根本不值得自己全身心投入，更不必花费太多精力。于是他们一边抱怨没有机会，抱怨上司不赏识自己的才华，一边敷衍工作，只求做到差不多、说得过去、上司挑不出毛病

来就行了。殊不知，这种“差不多”的思想导致的最终结果却是“差很多”。这里有一组数据，也许会让差不多的支持者大吃一惊。如果99.9%就算够好了的话，那么，在美国——

每年会有11.45万双不成对的鞋被船运走；

每年会有200万份文件被美国国家税务局弄丢；

每年会有250万本书的封面被装错；

每年会有2万个处方被误开；

每年将有550万盒式饮料质量不合格；

每天将有3056份《华尔街日报》内容残缺不全；

每天会有12个新生儿被错交到其他婴儿的父母手中；

每天会有2架飞机在降落到芝加哥奥哈牡机场时，安全得不到保障；

每小时会有1822份邮件投递错误……

可见，如果每个人都是“差不多”“还行吧”，不但会导致企业难以获得利润，甚至还会因不慎造成重大事故。因此，职业女性做任何工作，都要认真负责，对自己要求严格，尽我所能，做到尽善尽美。记得在一本杂志上看到过一段发人深思的对话。在中国“神五”载人飞船发射成功，中国人几千年的飞天梦想终成现实时，一位美国人对中国的一位管理大师讲：“你们中国人非常了不起！但我不明白，你们中国人能将载人飞船送入太空并安全返回，为什么经常连一个简单的螺钉都做不好呢？”那位大师的回答是：“中华民族是非常优秀的民族，只要一咬牙，就没有做不到的事情，不过在做螺钉的时候忘了咬牙。”管理大师无疑是充满智慧的，他的回答既道出了中国人只要集中精力，团结起来就能办大事的长处，又护了我们中国某些人做事马马虎虎的短处。实际上做不好一个简单螺钉的原因有两个：一是没有高标准；二是态度有问题。即使有了标准，却没有严格按标准行事，没有严格要求，所以才会导致对一些细节的忽略。

一位管理专家一针见血地指出，从手中溜走1%的不合格，到用户手中就是100%的不合格。工作中一个小小的疏忽和失误，就会造成产品和服务上的缺陷，每一个缺陷都会影响企业在顾客心目中的形象和地位，给企业带来难以估量的损失。对于任何一个小小的失误，我们都要将它视为大问题，并将其化解。只有将 1% 的失误化解掉，才能保证 100% 的结果。

★★★★★

在“第二次世界大战”中期，英国空军和降落伞制造商之间发生了分歧，因为降落伞的安全性能不够。事实上，通过努力，降落伞的合格率已经提高到 99.9% 了，但军方要求达到 100%。因为如果只达到 99.9%，就意味着每 1000 个跳伞士兵中，可能会有一个因为降落伞的质量问题而送命。但是，降落伞商却不以为然，他们认为 99.9% 已经够好了，世界上没有绝对的完美，根本不可能达到 100% 的合格率。军方在交涉不成功时，改变了质量检查办法，他们从厂商前一周交货的降落伞中随机挑出一个，让厂方负责人装备上身后，亲自从飞机上往下跳。这时，厂商才意识到 100% 合格率的重要性，于是奇迹很快就出现了：降落伞的合格率一下子就达到了 100%。

★★★★★

这个故事告诉我们，没有对完美的追求，就不会有完美的结果。获得成功的方法只有一个，这就是以高标准来要求自己。许多员工做事只求差不多，尽管从表现上看来，他们也很努力、很敬业，结果却总是无法令人满意。解决了旧问题，又产生了新问题，在一团忙乱中造成了新的工作错误，结果是轻则自己不得不手忙脚乱地改错，浪费大量的时间和精力；重则返工检讨，给公司造成经济损失或形象损失。职业女性只有以高标准来要求自己，才能锻造一个人的完美品格，除此之外，别无他法。

6. 赢在执行，不找借口不打折扣

生活中，我们经常可以看到类似的情况，遇到一些自己不愿意做或不想做的事情，总是找借口搪塞。在职场中，类似的情况也屡见不鲜。如：“那个客户太挑剔了，所以我没有完成此次的任务。”“我没有按时完成工作，是因为……”人们总能为自己未能实现某种目标找出无数理由，而正确的做法是，抛弃所有的借口，找出解决问题的方法。

在每一个借口的背后，都隐藏着丰富的潜台词，只是我们不好意思说出来，甚至我们根本就不愿说出来。借口让我们暂时逃避了困难和责任，获得了些许心理的慰藉。但是，对职业女性来说，借口的代价却无比高昂，它给我们带来的危害一点也不比其他任何恶习少。

★★★★★

经理让小陈去买书，小陈先到了第一家书店，书店工作人员说：“刚卖完。”之后去了第二家书店，营业人员说已经去进货了，要隔几天才有；小陈又去了第三家书店，可是这家书店根本没有。快到中午了，小陈只好回公司，见到经理后，小陈说：“跑了三家书店，快累死了，都没有，过几天我再去看看！”经理看着满头大汗的小陈，欲言又止……

★★★★★

小陈的行为其实就是一种借口。很多时候，当遇到各种失败或者困难时，一些职业女性常常会抱怨一些外在的条件，甚至怀疑自己的能力，把困难看得比天还大，把希望和努力想得比针尖还小，那么就只剩下抱怨和找借口了，而找借口的唯一好处就是安慰自己，而恰恰就是这样的安慰导致了彻底的失败，它会让自己对现存的状况无动于衷，并且有一种心理暗示：是克服不了客观条件造成的困难。在这种心理的暗示引导下，不再去思考克服困难、完成任务的方法，哪怕是只需要做一点点努力就可以成功。

在生活和工作中，我们经常会听到这样或那样的借口。借口在我们的耳畔窃窃私语，告诉我们不能做某事或做不好某事的理由，它们好像是“理智的声音”“合情合理的解释”，冠冕堂皇。上班迟到了，会有“路上堵车”“手表停了”“今天家里事太多”等借口，业务拓展不开，工作无业绩，会有“制度不行”“政策不好”或“我已经尽力了”等借口，事情做砸了有借口，任务没完成有借口。只要有心去找，借口无处不在。做不好一件事情，完不成一项任务，有成千上万条借口在那里响应你、声援你、支持你，抱怨、推诿、迁怒、愤世嫉俗成了最好的解脱。借口就是一块敷衍别人、原谅自己的“挡箭牌”，就是一台掩饰弱点、推卸责任的“万能器”。有多少人把宝贵的时间和精力放在了如何寻找一个合适的借口上，而忘记了自己的职责和责任！

★★★★★

在美国西点军校，有一个广为传诵的悠久传统，学员遇到军官问话时，只能有四种回答：“报告长官，是”“报告长官，不是”“报告长官，不知道”“报告长官，没有任何借口”。除此以外，不能多说一个字。

“没有任何借口”是美国西点军校建校200年来奉行的最重要的行为准则。200年以来，“没有任何借口”已经成为西点军校的精神之源。而在进入20世纪之后，这一口号被西点人不断发扬光大、不断赋予新的内涵。我们知道，像美国许多著名大公司的领导人和创办者，都是出自西点军校。在20世纪变化如此之大的社会发展过程中，西点军校仍然像从前一样，为美国军队和社会提供了许多最优秀的人才，无论是在当今美国的海军、空军、陆军，还是在像杜邦、通用、可口可乐这样的跨国公司，都有西点人的身影，甚至是最高的领导者。资料显示，建校以来，西点军校为美国培养了3位总统、5位五星上将、3700名将军以及无数精英人才。在商界，自“第二次世界大战”以来，在世界500强里，西点军校培养出来的董事长有1000多名、副董事长2000多名、总经理5000多名。

为什么西点军校历经几百年而不衰？“没有任何借口”为什么能成为西点人强大的精神动力？在作家凯普看来，西点人最优秀的地方在于，他们不仅仅牢记“没有任何借口”，而且善于在不找借口之后“主动工作、完美执行”。正是这种“主动性”和强大的“执行力”保证了西点人在面对任何困难时，不仅勇敢、敬业，而且有能力、有办法、有信心“100%完成任务”。用格兰特将军的话说就是：“我唯一的借口就是：没有任何借口。”

成功者不需要任何借口，因为他们能为自己的行为和目标负责，也能享受自己努力的成果。在他们身上，体现出的是一种服从、诚实的态度，一种负责、敬业的精神。美国职业篮球协会最佳新秀杰森·基德，谈到自己成功的经历时说：“小时候，父亲常常带我去打保龄球。我打得不好，总是找借口解释自己为什么打不好，而不是去找原因。父亲就对我说‘别再找借口了，这不是理由，你保龄球打得不好是因为你不练习，又不愿意总结方法。假如你好好做，你就不会这样讲了。’他说得对，现在我一发现自己的缺点便努力改正，决不找借口搪塞。”因此，在职业女性的实际工作中，即便遇到再大的困难和挫折，也要全力以赴，千方百计完成工作。

成功属于那些不找借口的职业女性！找出再多再合理的借口，那只能说明你在工作中的不敬业，推责任，伪服从。既然如此，为什么不把找借口和理由的时间用到改进工作中去呢？与其停滞在因为这个、因为那个的原因上，还不如从这个原因入手，竭尽全力去排除它。相信只要我们通过努力，拿出行动，一个个问题就会迎刃而解。所以，无论如何，不要寻找任何借口。

第七章

效率至上，业绩突出的女性最受单位欢迎

职业女性高效率地完成工作后能获得更多的肯定，也能够获得更多的赞美。在企业中，考核员工的标准只有一个，那就是你的工作业绩。你有出色的业绩，老板都会看在眼里、记在心里。唯有业绩才能体现一个员工的价值。对于职业女性来说，没有业绩，其他一切都没有说服力。

1. 拿业绩说话，不做低效的职业女性

在工作中，你是否发现有这样的现象：领导安排同样性质的一件事情给两位员工去做。其中的一位每天提早上班，推迟下班，连星期六、星期天都不休息，弄得身心憔悴，愁眉苦脸。但是，由于他没有达到要求，领导对他总是很不满意，甚至对他还严加批评。另外一位员工，从不需加班、加点，只是每天把该做的事情都做好，每天报告给领导的都是好的进度与消息，领导对他总是笑脸相迎，经常表扬，最后将他提拔。这样的现象，在20年前可能不明显，甚至第一种员工可能得到更多的表扬，但是在当代社会，领导重视能出业绩的员工。是老总偏心、不欣赏苦干的员工而只是欣赏“讨巧”的员工吗？其实不是这样。主要的原因，是我们已经进入了知识经济的新时代。那些光知道苦干、穷忙的人，越来越得不到认可。社会正越来越认可一个新的理念：做任何事情都要讲究效率和效益！

★★★★★

张娟是一名职场新人，在找工作的过程中屡屡碰壁。千寻万觅，张娟好不容易找到一家厨具公司的工作，试用期一个月，试用期内没有底薪，工资按销售额的10%提成。

一套厨具的定价是2800元，这在收入较高的大都市并不是一个大数目。但因为市民对推销的反感及对推销员的不信任，连续一个星期奔波，张娟竟没有签到一份订单。与张娟同时进公司的20位同事中，有两位顶不住，主动辞职了。另外两位同事则搞起了降价销售，结果是销售一套厨具只能拿极少的提成。价格毕竟是最具竞争优势的，更何况厨具质量确实不错，同事的订单果然陆续而至。于是，其他同事争相效仿，一时间价格一片混乱。好几次张娟说服了客户，最终却因为价格而不能成交。

试用期满后，大家再一次聚在会议厅里，张娟是最心虚的，因为张娟只有两份订单，而其他同事，少则10份，多则30份。

经理对他们说："经过公司研究，决定在你们当中录取一人，被录取者底薪1800元，住房补贴500元，奖金按销售额的5%提成。"张娟十分沮丧，知道自己肯定没希望了。但当经理说出张娟的名字，宣布张娟被录取时，不仅同事，连张娟自己都深感意外。几位同事愤愤不平，经理微笑着说："虽然她只有两份订单，但是，她的两份订单都是按公司定价签下的。公司早有规定，不得抬价、降价，我希望我的员工能忠于本公司。另外，公司的定价已全面考虑了员工和公司的利益，为了争取订单而不惜放弃自己该得的那部分利益，这也许并没有什么大问题，但你们辛辛苦苦工作为了什么？我希望我的员工认识到自己工作的价值，不仅要有为公司赢利的观念，更要有为自己赢利的观念。"

任何一家公司都希望员工在为公司努力创造利润之时，也能够为自己创造利润。作为一名职业女性，要时时以提高公司的绩效为己任，努力为公司创造利润，随公司成长而成长。比尔·盖茨说："能为公司赚钱的人，才是公司最需要的人。"对于一个公司来说，无论什么时候，竞争如何激烈，总缺少一种人，那就是真正能为公司赢利的人。在任何企业里，业绩都是硬道理。在任何老板眼中，都是首先看你的业绩如何。因此，职业女性要显示你的实力，要体现你的价值，首先靠业绩说话！业绩必须成为职业女性的工作目标。

美国汽车大王福特，只受过很少的正规教育。在第一次世界大战期间，一家报纸刊登评论，说福特是“无知的和平主义者”，福特得知后很生气，向法庭控告该报恶意诽谤。开庭审理时，对方的律师向福特提出了许多对于受过正规学校教育的人来说，属于“常识性”的问题，如“英国在1776年派了多少军队来美国镇压反叛?”“美国宪法的第五条内容是什么?”等。对方想利用自己在书本知识上的优势，以此来证明福特确是一个“无知的人”。

福特开始还有礼貌地听着，很快就不耐烦了，他气愤地对这位律师说：“请让我来提醒你，在我的办公桌上有一排电钮，只要我按下某个电钮，就能把我所需要的助手招来，他能够回答我企业中的任何问题。至于我企业之外的问题，只要我想知道，也可以用同样的方法获得。既然我周围的人能够提供我所需要的任何知识，难道仅仅为了在法庭上能回答出你的提问，我就应该满脑子都塞满那些东西吗?”

福特这样做不是“摆谱”，而是有着他对效率、结果的高标准的要求。发生在福特身上的另外一个小故事，也许会给你带来进一步的启示。

在刚刚创办福特汽车公司不久，福特向一家厂商订购了大批汽车零件。耐人寻味的是：他在严格要求零件品质的同时，也严格规定了装零件的木箱的有关尺寸、厚度等。这样的要求，不要说厂商，连他的员工都认为他有些过分。货到以后，他又特别叮嘱要小心开箱，不要损坏木板。之后，他拿出一张新办公室的设计图，用这些木板来做办公室的地板，竟然相差无几！原来，他在进货的时候，就考虑到要把这些平时处理掉的木板用到办公室里来！

一举两得。你瞧瞧：这是一种何等可贵的充分利用资源的智慧啊！工作一定要有更好的结果，工作一定要有更高的效率！福特是被誉为“把美国带到流水线上”的人，为何对他有这样的赞誉，在某种程度上，是由于他发明了现代流水线作业的方式，从而大大提高了工作效率。追求效率是一个职业女性的基本要求。企业归根到底还是一个靠业绩和利润来生存与发展的地方。所以，在企业中要成为最受欢迎的人，必定是最有效率的人！

2. 勇于创新，为公司增值

在职场里，你越有创新能力，你就越有核心竞争力，你的观点和想法就越多，你的能力就越强，你成功的可能性、获得高薪的可能性就越大。因此，工作需要创新精神。创新是使我们事业进步，立于不败之地的秘诀。

优秀的职业女性就应当具备敢想敢做的创新精神。一个员工的创新精神对企业的发展、自我的实现都必不可少。创新精神，不仅代表了我们的能力，还可以提升我们的名誉、价值与前途。创新的关键就在于打破常规，突破定势，敢于破界，敢想、敢做、敢挑战。只要破了界，看到的必将是另一个崭新的天地。

职业女性在工作中要开动脑筋，勤于思考，激荡脑力，开发创意。一旦能把“化腐朽为神奇”的创意包装推广出来，“废品”也会变成“宝贝”。在工作中，创新最活跃的人大部分都是经验不多的年轻员工。因为他们没有太多经验的束缚，反倒更能激活头脑中的创新思维，拥有更多的想象力和创造力，什么都敢想，什么都敢做，因而更能走出一条新路来。

创新是上天赐予我们的最珍贵礼物，它能给我们带来许多意想不到的惊喜和精彩，我们的岗位会因为创新而倍添光彩。不要认为你的岗位平淡无奇就失去了创新的热情。创新其实远没有那么神秘，每个人都可以创新，每个岗位、每个地方都可以创新。

★★★★★

有这样一个真实的故事：一架飞机在飞行途中遇到了劫机分子，经过惊心动魄的8个小时，危机才得到解除。这次劫机事件很快成为一条重大新闻，当飞机最终安然无恙地降落、乘客们有序地步出机舱时，已有多家新闻媒体在等着进行采访报道。有一名叫杨依的乘客，当时是一家小保健品公司的推销员。在走出舱门的一瞬间，她突然间想到了什么，于是做出了一个常人难以预料的举动——从箱子里找出一张大纸，写下一行大字："我是××公司的推销员，我和我公司的××牌保健品安然无恙！非常感谢营救我们的人！"

一出机舱，她和这块牌子很快被各媒体的摄影、摄像镜头捕捉到了。一时间，她成为这次劫机事件的明星！杨依这一别出心裁的举动，令她的公司和产品变得家喻户晓，客户的订单一个接着一个。当杨依回公司时，公司老板带着所有的中层主管，在公司门口夹道欢迎她。老板当场宣读了对她的任命：主管营销和公关的副总经理。

从一个普通销售员到副总经理，杨依到底做了什么？在下飞机的那一瞬间，她和所有的乘客一样，肯定也在回味自己的遭遇，考虑自己生命的安危，但她同时也把自己的企业和工作放在心上，做出了一个简单而难能可贵的决定。但就凭这一点，她也毫无疑问是个最优秀的推销员！

★★★★★

创新是一个永远不老的话题，创新并不是少数几个天才者的权利，每个人都能创新，而且是员工奉献社会、凸显道德的最佳方式。只不过创新需要我们有一双善于发现的眼睛，有一个善于创造的头脑。创新，在很大程度上其实就是脑子中的灵光一闪，就是一个想法，一个创意。也许这样的想法和创意新奇无比，价值百万，但如果不付诸行动，也不过是空想。所以敢想还要敢做，还要将创意变成行动，才能真正实现岗位创新。善于从细微处、从空白中、从冷门里发现并创造出新的东西来，这才能把我们带入一个全新的境界，一个精彩的世界，你的工作因此而卓越，你的岗位因此而精彩！

3. 多动脑筋，注重工作方法

在企业里，我们常常看到这样一种人：桌上摆满了文件，总是一副日理万机的样子。他们看起来工作十分认真，也充满了热忱，从来不多休息。有时下了班，还要自动加班到很晚，他们以为这样做就能给老板一个好印象，他们认为要想往上爬就要付出这样的代价，这样才能得到大家的好评和老板的重用。而实际上，老板更喜欢能在有效工作时间内高效完成工作的员工，而不是那些由于工作效率低而不得不加班的员工。

一个知名企业的老总时常这样对职业女性说："我们的工作，并不是要你耗费体力、耗费时间去拼命，而是要你带着大脑去工作，要巧干，而不是蛮干。"巧干是指在工作中懂得挖掘技巧、灵活解决问题的工作方法，它是一种解决问题和发明创造的能力，是一个人敏锐机智、灵活精明的反映，也是充满活力、随机应变的表现。《射雕英雄传》里面有一个情节：黄蓉被一个海蚌夹住了脚，怎么掰都掰不开，最后她抓了一把细沙放到蚌壳里面，蚌就自动打开了，因为蚌最怕的就是细沙。可见，蛮力并不能解决问题，巧干却能事半功倍。因为巧干抓住了事情的关键，并找到了解决问题的针对性方法。因此，职业女性在任何时候都要做一个有头脑、有智慧的员工，懂得凡事思考，讲究方法，而不是一味蛮干，更不是投机取巧。

★★★★★

现代原子物理学的奠基者卢瑟福，对思考极为推崇。一天深夜，他发现一位学生还在埋头实验，便好奇地问："上午你在干什么？"学生回答："在做实验。"

卢瑟福不禁皱起了眉头，继续问："那下午和晚上呢？""做实验。"

这个学生本以为能够得到导师的一番夸奖，没想到卢瑟福居然大为恼火，厉声斥责："你一天到晚都在做实验，什么时间用于思考？"

★★★★★

勤奋的学生遭到斥责，看似委屈，然而大师却是在传授真经。很多时候，人们将岁月淹没在实际没有多大价值的忙碌中，却极不情愿拿出时间用在极具价值的思考上，以至于白白浪费了我们人类独有的高级能力——思考能力，最终一无所获。有些职业女性拥有工作的热情，工作起来也很勤奋，但她们只知道埋头苦干，却不知道讲究工作中的技巧。因此，她们虽然勤勤恳恳工作了一辈子，但是忙忙碌碌的一生却并没有做出过重要的成绩，而且也没有得到过一个老板的提拔，并且总给老板一种"愚笨"的印象，这样的员工自然就不会得到提拔和重用。虽然实干、苦干是老板最乐意看到的工作态度，但他们更喜欢巧干、高效率的员工。

★★★★★

一天，一家建筑公司的经理突然收到一份账单，账单上所列的东西不是任何建筑器材，而是两只小白鼠。总经理不由心生疑惑：公司买两只小白鼠干什么？他有些生气，找到那个买小白鼠的员工询问："你觉得小白鼠很好玩是吗？你为公司买两只小白鼠到底要做什么？"

员工并不急于为自己辩解，而是问了经理一个问题："上周我们公司去修的那所房子，电线都安好了吗？"

"安好了。"经理没好气地说，"你问这个干吗？快说你买小白鼠的原因。"

员工答道："我们要把电线穿过一根10米长但直径只有2.5厘米的管道，而且管道砌在砖石里，并且拐了4个弯。当时，小王和小李费了很大劲把电线往里穿，却怎么也穿不进去。后来我想了一个好主意，到一个宠物店买来两只小白鼠，一公一母。把一根线绑在公鼠身上并把它放到管子的一端，把那只母鼠放到管子的另一端，并且逗它吱吱叫。当公鼠听到母鼠的叫声时，便会顺着管子跑去救它。公鼠顺着管子跑，身后的那根线也被拖着跑。我把电线拴在线上，小公鼠就拉着线和电线穿过了整个管道。"

经理听了恍然大悟，惊喜万分，他想不到这名员工原来这么聪明。从此，这名员工就成了经理身边的"红人"，一直被老板重用。

★★★★★

在美国企业中流行这样一句话："上帝不会奖励努力工作的人，只会奖励找对方法工作的人。"就像世界上出了锁以后必然有与之相应的钥匙一样，问题与方法也是共存的。找到方法，找对方法，在今天这样一个处处以业绩说话的时代，已经变得至关重要了。对每个职业女性而言，能够找到、找对方法已成为个人职业生涯中一项最重要的技能。职业女性做事不讲方法，只知道低着头一味蛮干，那只是在浪费时间和精力。所以，职业女性不仅要在工作中做到双手勤奋，而且也要做到大脑勤奋，只有这样做，才能做事顺利。

4. 主动解决工作中的问题

工作就是发现问题，分析问题，最终解决问题。所以，职业女性在工作中遇到问题时，要明白到这是自己分内的事，而不要把问题留给老板。

中国台湾地区有一位博士，在意大利某名牌店买鞋。最合脚的尺码卖完了，他选了一双小一号的，但有一点紧。他想到，反正鞋穿穿会松的，就要掏钱买，可售货员却拒绝卖给他，理由是顾客试穿表情不对劲，“我不能把顾客买了会后悔的鞋子卖出去。”显然，这个售货员是一个真正不把真问题留给老板的员工，因为她不仅是在做老板“吩咐”她做的事，而且更懂得老板和公司吩咐她做事的结果，把令人满意的服务提供给消费者。

与此相反，还有这样一个案例：

某公司里来个新会计，做报表的态度很认真，报表的格式也做得漂漂亮亮，整整齐齐三张纸。可惜，报表上的数据与实际发生额相差甚远，不仅老板看了一头雾水，连她自己对报表上的原始数据的来源也都说不清楚。实际上这张报表成了废纸，在公司管理层做决策时一点参考价值都没有。这位会计没有发现工作中的核心价值，她虽然表面上完成了任务，却仍然是把问题带到了老板那里。

★★★★★

工作中，老板看的是业绩，要的是结果。因此，职业女性应当认清自己的职责，把问题留给自己，把业绩留给老板。工作的实质就是凭借我们自身的能力、经验、智慧，凭借我们自身的干劲、韧劲、钻劲，去克服困难，解决那些妨碍我们实现目标的问题。逃避问题、把问题留给上司、指望问题自动消失，这些都不是办法，也是不可取的。因此，把问题留给自己是一种魄力，更是一种可贵的品质。解决工作中的问题，是每个人的基本职责。而且也只有在面对困难、解决问题的过程中，才能激发我们潜藏的力量，唤醒我们沉睡的智慧，从而帮助我们实现能力的飞跃，使我们有能力去实现自己的理想。

★★★★★

20世纪80年代，可口可乐与百事可乐的竞争达到了白热化程度。可口可乐的部分市场被百事可乐蚕食，如何收复失地成为可口可乐新上任CEO古兹威塔最重要的任务。可口可乐的管理者提出了各种方案，试图从百事可乐的手中抢夺市场占有率。当大家都将问题聚焦在与百事可乐竞争的问题上时，古兹威塔却提出了这样一个问题："美国人平均一天消耗多少液体饮料?"他的下属回答："14盎司。"古兹威塔继续问道："那么可口可乐占其中多少?"答案是2盎司。

由此，古兹威塔做出了一个具有战略高度的决策：让可口可乐成为饮料市场的消费主流，挤占市场上那12盎司的水、咖啡、牛奶等，而不仅仅专注于同百事可乐在几盎司的可乐市场的争夺。可口可乐的目标是：当人们想要喝些什么的时候，首先想到的是可口可乐。为此，可口可乐采取了一系列措施来提高其在整个饮料市场的占有率。通过站在更高的角度分析和解决问题，可口可乐再次超越了百事可乐。

★★★★★

可口可乐的案例给了我们一个重要的启示：被问题牵着鼻子走，并不能够帮助我们解决问题。

在工作中，人与问题的关系是猎手与猎物的关系。要么，人是猎手，问题是猎物。要么，人是猎物，问题是猎手。不是你消灭它，就是它消灭你。一个优秀的人，总能在第一时间察觉问题并妥善处理。我们不该放过任何的苗头，应该认真加以审视，直到把问题产生的根源找到，并将问题解决。职场中，成功者与失败者的分水岭，就在于前者能够勇敢地解决问题，闯过道道难关通向胜利。而后者却像鸵鸟一样把头钻进沙子里，对问题视而不见，指望别人替自己把问题解决好，或者幻想问题自动消失。他们不知道：问题永远不会自动消失，你不能彻底解决它，它就会不断地骚扰你。优秀职业女性的核心的素质是当遇到问题和困难的时候，她们总是能够主动去找方法解决，而不是找借口回避责任，找理由为失败辩解。

在职场中，只有积极解决问题，才能最好地出效益；只有积极找方法的人，才能弥补领导的不足，成为老板的左膀右臂。主动解决问题的人永远是职场的明星，他们在单位创造着主要的效益，是单位今日最器重的员工，是单位明日最受欢迎的领袖。

5. 分清工作目标，定好工作计划

看看职场中的很多女性，她们一天到晚都很忙，并且常常加班，为何非得加班不可呢？那多半是由于时间管理拙劣所致。你若想成为一个工作高效的人，就需要精心计划，合理安排工作时间，制订清晰的工作目标和计划。

课堂上，老师在给学生讲故事：有三条猎狗追一只土拨鼠，土拨鼠钻进了一个树洞。这个树洞只有一个出口，可是不一会儿，居然从树洞里蹿出一只兔子，兔子飞快地向前跑，并爬上另一棵大树。兔子在树上，仓皇中没站稳，掉了下来，砸晕了正在仰头看的三条猎狗，最后，兔子竟然逃脱了。

故事讲完后，老师问："这个故事有什么问题吗？"

学生回答说："兔子不会爬树；一只兔子不可能同时砸晕三条猎狗。"

"还有呢？"老师继续问。

直到学生再也找不出问题了，老师才说："可是还有一个问题，你们都没有提到，土拨鼠哪儿去了？"

土拨鼠哪儿去了？老师的一句话，将学生的思路拉回猎狗追寻的目标——土拨鼠上。因为兔子的突然冒出，学生的思路在不知不觉中分了岔，土拨鼠竟在大家的头脑中消失了。

在现实工作和生活中，许多时候都像故事里的情景一样，"土拨鼠"原本是最初的目标，但因为忙于应付一只又一只跳出来的"兔子"，竟然迷失了最初的目标——"土拨鼠"。因此，要想忙得有意义、有价值，就必须在忙碌的过程中始终紧盯目标和计划，管理好工作时间。

比如在工作中，职业女性要分清需做事情的主次，确定当务之急，并建立行动一览表，每天晚上，记下第二天必须要做的几项工作，并在一天当中回顾几次日程表里的项目，将已完成与未做完的项目做好标记。

美国伯利恒钢铁公司总裁理查斯·舒瓦普，曾经为自己和公司的低效率而忧虑，于是向效率专家艾维·李寻求帮助，希望艾维·李能卖给他一套思维方法，告诉他怎样才能在短短的时间里完成更多的工作。

艾维·李说："好吧！我十分钟就可以教给你一套至少能提高效率50%的最佳方法。把你明天必须要做的最重要的工作都记录下来，按重要程度编上号码。最重要的排在第一位，以此类推。早上一上班，立即从第一项工作做起，一直做到完成为止。然后用同样的方法对待第二项工作、第三项工作……直到你下班为止。即使你花了一整天的时间才完成了第一项工作，也不要紧。只要它是最重要的工作，就坚持做下去，每一天都要这样做。在你对这套方法的价值深信不疑之后，让你公司的人也按照这套方法去做。这套方法你愿意试多久就试多久，然后给我寄张支票，并填上你认为合适的数字。"

舒瓦普认为这个思维方法非常有用，很快就填了一张25000美元的支票给艾维·李。舒瓦普后来坚持使用艾维·李教给他的这套方法，于是五年后，伯利恒钢铁公司从一个鲜为人知的小钢铁厂一跃成为最大的不需要外援的钢铁生产企业。舒瓦普对朋友说："我和整个团队始终坚持挑最重要的事情先做，我认为这是我公司多年来最有价值的一笔投资！"

正是由于制订了合理的计划，舒瓦普成功到达了人生成功的彼岸。相信对于职场女性来说，我们每一个人都对计划有所了解，有所接触，然而真正将计划重视起来并付诸行动的人并不多，而这些并不多的人最终获得了事业和生活的双重胜利。当然，在工作和家务事上制订计划并不像说说那样简单，在制订计划的过程中我们必须使用恰当、科学的方法。

大量研究表明，在工作中，人们总是依据下列各种准则决定事情的优先次序：

（1）先做喜欢做的事，然后再做不喜欢做的事。

（2）先做熟悉的事，然后再做不熟悉的事。

（3）先做容易做的事，然后再做难做的事。

（4）先做只需花费少量时间即可做好的事，然后再做需要花费大量时间才能做好的事。

（5）先处理资料齐全的事，再处理资料不齐全的事。

（6）先做已排定时间的事，再做未经排定时间的事。

（7）先做经过筹划的事，然后再做未经筹划的事。

（8）先做别人的事，然后再做自己的事。

（9）先做紧迫的事，然后再做不紧迫的事。

（10）先做有趣的事，然后再做枯燥的事。

（11）先做易于完成的事或易于告一段落的事，然后再做难以完成的整件事或难以告一段落的事。

（12）先做自己所尊敬的人或与自己有密切的利害关系的人所拜托的事，然后再做自己所不尊敬的人或与自己没有密切的利害关系的人所拜托的事。

（13）先做已发生的事，然后做未发生的事。

很显然，上述各种准则，都不符合高效工作方法的要求。对于这个问题应按事情的“重要程度”编排行事的优先次序。在上述的 13 种决定优先次序的准则中，对我们最具支配力的恐怕是第 9 种——先做紧迫的事，再做不紧迫的事，大凡低效能的员工，他们每天 80% 的时间和精力都花在了“紧迫的事”上。但遗憾的是，在多数情况下，愈是重要的事偏偏愈不紧迫。比如向上级提出改进营运方式的建议、长远目标的规划，甚至个人的身体检查等，往往因其不紧迫而被那些“必须”做的事无限期地延迟了。所以，任何工作都有轻重缓急之分。职业女性只有分清哪些是最重要的并把它做好，你的工作才会变得井井有条，卓有成效。

6.

今日事今日毕，拒绝拖延

工作中拖延是一种很坏的习惯。每当要付出劳动时，或要做出抉择时，总会有一些女性找出一些借口来安慰自己，总想让自己轻松些、舒服些。但是，用尽方法逃避责任，结果该做的事还是得做，而拖延是一种相当累人的折磨，随着完成期限的迫近，工作的压力反而与日俱增，这会让人觉得更加疲惫不堪。寻找借口的唯一好处，就是把属于自己的过失掩饰掉，把应该自己承担的责任转嫁给单位和他人。这样的职业女性，注定只能是一事无成的失败者。

罗拉德是一个办事拖拉的员工。例如，在工作中，罗拉德常常积压一大堆来信。如果第一封信中牵涉到一个棘手的问题，她就把它搁置一旁，找一封容易答复的信去处理，结果，没过多久，她就积攒了满满的两三包没有答复的信。但是她觉得自己无法改变这种习惯。

对此，时间管理专家皮尔斯警告说："不要以为拖拖拉拉的习惯是无伤大局的，它是个能使你的抱负落空、破坏你的幸福甚至夺去你生命的恶棍。"

皮尔斯教授对她说："罗拉德，你不该认为这种拖拉作风是你固有的个性，或者也许是一种不可救药的毛病，实际上并不是这样。这是一种坏习惯，正如所有的别的习惯一样，它也同样可以被克服掉。所以，你不应当回避那些棘手的信，应当首先处理它们。你因此而得到的鼓舞会使剩余的任务迎刃而解的。”

这番警告使罗拉德受到震惊。她决心着手解决这个问题，直到彻底战胜它为止。在皮尔斯教授的指导下，罗拉德学到一个原则：如果有一件事情要做，立即就干。最后，终于成功地改掉了拖拉的恶习。

拖延是成功的最大敌人之一。一个企业家可能因为拖延没能及时做出关键性的决策而遭到失败；一个学生可能因为拖延没有及时掌握应有的知识而失去上大学的机会。拖延到头来只会导致问题铢积寸累，难上加难。很多人都遇到过这样的情形：工作堆积如山，压得人喘不过气来，不知从何入手，这时老板却又偏偏给你布置下来新的任务……而造成这种不快乐局面的“罪魁祸首”，就是拖延。一小时就应该完成的工作，拖到两小时才慢吞吞地做完，把上午就应该完成的工作，拖到下午，把今天的工作拖到以后去做……在这些拖延中，你耗尽了所有的时间和精力，结果，憧憬、理想和计划都在拖延中落空，工作评比也只能眼看着别人领先自己，暗中徒生懊悔。

李蔓蔓是某公司的一个部门主管，她这几天特别忙，因为她平时工作总喜欢把“不着急，还有时间”“明天再说吧”这些话放在嘴边，而现在老板要去国外公干，并且要在一个国际性的商务会议上发表演说。李蔓蔓负责一些资料的搜集和整理，刚接到这个任务时，李蔓蔓并没有着急，她想搜集资料是很简单的，又不像写东西那么复杂，就没有放在心上。

等到老板要出发的前一天，所有的主管都来送行，有人问李蔓蔓：“你负责的资料整理好了没有？”

李蔓蔓感觉很轻松地说：“不用那么着急，老板要坐好长时间的飞机，反正这段时间是空闲的，资料要等到下飞机才用，我一会儿就去整理，然后用传真发过去就行了。”

过了一会儿，老板来了，第一件事就是问李蔓蔓：“你负责整理的资料和数据呢？”李蔓蔓按照她的想法又跟老板说了一遍。老板听了她的回答，脸色大变：“怎么会这样？我已经计划好了，利用在飞机上的时间，和同行的顾问按照这些资料研究一下这次的议题，不能白白浪费这么好的时间啊！”

听到老板的话，李蔓蔓脸色一片惨白。

★★★★★

今天的工作今天必须完成，因为明天还会有新的工作。今天的事情拖到明天，只会让自己更被动，感觉头绪更乱、任务更重。对每一个渴望有所成就的人来说，拖延是最具破坏性的，它是一种最危险的恶习，它使人丧失进取心。一旦开始遇事推脱，就很容易再次拖延，直到变成一种根深蒂固的习惯。我们常常因为拖延时间而心生悔意，然而下一次又会惯性地拖延下去。几次三番之后，我们就会视这种恶习为平常之事，从而使矛盾深化，给工作造成严重的危害。我们没解决的问题会由小变大、由简单变复杂，像滚雪球那样越滚越大，解决起来也越来越难。可见，工作中拖延并不能使问题消失，也不能使问题的解决变得容易起来，而只会严重地阻碍工作的进度。

今天该做的事拖到明天完成，现在该打的电话等到一两个小时以后才打，这个月该完成的报表拖到下个月，这个季度该达到的进度要等到下一个季度。凡事都留待明天处理的态度就是拖延，这是一种“明日待明日”的工作习惯。如果你总是把问题留到明天去解决，那么明天就是你失败的日子。同样，如果你计划一切从明天开始，你也将失去成为成功者的机会。

★★★★★

一个星期五下午两点钟，德国一位经销商史密斯先生打来电话，要求海尔两天之内发货，否则订单自动失效。要满足客户的要求，意味着当天下午货物就要装船，而海关等部门五点下班，因此时间只剩下 3 个小时。按照一般的程序，货物当天装船根本无法实现。

海尔员工的销售理念是："订单就是命令单，保证完成任务，海尔人绝不能对市场说不。"

于是，几分钟后，船运、备货、报关等工作同时展开，确保货物能按客户的要求送达。一分钟、两分钟、十分钟……时间在一秒一秒地逝去，空气似乎也变得凝固起来。执行这项任务的海尔员工全都行色匆匆，全身心地投入到与时间的赛跑中。

当天下午五点半，海尔员工向史密斯先生发出了"货物发出"的消息。史密斯了解到海尔发货的经过后，十分感动，他发来一封感谢信说："我从事家电行业十几年，从没给厂家写过感谢信，可是对海尔，我不得不这么做！"

★★★★★

任何工作如果没有时间限定，就如同开了一张空头支票。只有懂得用时间给自己压力，到时才能完成。只要我们在工作中努力去做到"今日事今日毕"，每天都坚持完成当日的工作，我们就会发现不仅会按时完成任务，而且心理上会感觉很轻松。人生短短几十年，又有多少个今天可以浪费、多少个明天可以期待呢？职业女性只有抓住了今天，才能不会丢失明天。今日事今日毕，勇于向今天献出自己，明天，将会受益无穷。所以，今天的工作必须今天完成，只有这样成功才能开始。

第八章

谦虚好学，进取上进的女性处处都受人喜欢

工作能力的强弱，是一个职业女性本身素质的反映，它所涉及的不仅仅是素质的一个方面，而是全部，这里既有性格的因素，也有先天的因素，但更多的还是靠后天的学习和培养。作为一名员工，只有努力学习提高自己的工作能力，才能独当一面，才能在群体中受人欢迎。

1. 善于学习，好文凭仅是职业女性的开始

在职场中，一个人的学历重要吗？重要。因为在应聘职位的阶段，你的学历是一个单位对你做出初步评估的重要参考。但随着社会的进步，知识更新的速度非常快，在学校里学的知识很快就遭到无情的淘汰。然而有一点始终不变，那就是我们在学习过程中所学会的思维能力及解决问题的能力。因此，教育的目的，就是培养我们持续的学习能力，使我们适应社会的需求，在变革当中有能力寻求解决之道。

有一则寓言，说鸟儿们召开大会，公开选举国王。孔雀站在枝头，得意地说："你们看，我长得最漂亮了，因此选我做国王吧。"鸟儿们都被孔雀的美丽迷住了，于是纷纷推举它当国王。这时，寒鸦在一旁说："孔雀，假如你做了国王，老鹰来攻击我们的时候，你能保护我们吗？"一句话提醒了鸟儿们。麻雀说："对啊，你连飞都飞不起来，怎么保护我们呢？"八哥说："光有漂亮的羽毛有什么用，有真本事才行呢！"孔雀一句话也说不出来，红着脸走开了。

有时候，我们的学历就好比孔雀身上美丽的羽毛，虽然能引人注目于一时，却无法长久地保护自己，并给集体带来利益。因而现在有句俗话说："学历只看三个月。"比如现在一些企业对新来者提出了"归零心态”，作为对他们的基本要求。所谓归零心态，就是新来者面对新环境，都要进行“清零处理”。也就是说，不管你从前多么优秀，也不管你的学历多高，来到企业以后，一切都要从零开始，从基层干起，不能沉迷于过去的成就当中，犯下自视过高的错误。

★★★★★

学行政管理专业的小江成绩并不算很差，可是在求职的过程中却屡屡碰壁，辗转了大半年依然找不到满意的工作，正在心灰意冷时，偶然的机会在报纸上看到某社会培训机构 Java 程序员的招生信息，小江心动了，她知道信息产业是个朝阳产业，发展前景广阔。但是，自己已经学了行政管理，转行合适吗？能不能学好？一连串担忧困扰着她。但经过仔细地斟酌，她毅然做出报读的决定。

一年后，小江已经是一位优秀的 Java 程序员，前几天刚刚开发出一套进销存系统，得到了客户的赞许。小江说她很庆幸当初选择继续培训，因为她知道经过培训后，她的起点要比她的大学同学高得多，因为 Java 软件工程师的起薪就不会低于万元，项目经验丰富的工程师月薪甚至能达到数万。小江的经历告诉我们，虽然离开了校园，但在工作中仍不能放弃继续学习。

★★★★★

随着时代的发展，职场对员工的要求变得越来越高，企业更需要终身学习的人才。终身学习是一种信念，也是一种可贵的品质。它是自我完善的过程，也是我们在现代社会中立于不败之地的秘诀。知无涯，学无境。永远不要停止你学习的脚步，让学习成就你的事业，也成就你的人生。

★★★★★

系山英太郎，一位在日本政商界呼风唤雨的显赫人物，30 岁即拥有了几十亿美元的资产；32 岁成为日本历史上最年轻的参议员。2004 年《福布斯》杂志全球富豪排行榜上显示，系山英太郎个人净资产49亿美元，排行第86位。他的赚钱秘诀何在？系山英太郎回答道："善于学习是制胜的法宝。"系山英太郎一直信奉"终身学习"的信念，碰到不懂的事情总是拼命去寻求解答。通过推销外国汽车，他领悟到销售的技巧；通过研究金融知识，他懂得如何利用银行和股市让大量的金钱流入自己的腰包……即使后来年龄渐长，系山英太郎仍不甘心被时代淘汰。他开始学习电脑，不久就成立了自己的网络公司，发表他个人对时事问题的看法。即使已进老迈之年，系山英太郎依然勇于挑战新的事物，热心了解未知的领域。

正是凭借终身学习，系山英太郎让自己始终站在时代的潮头之上。所以，如果你想事业有成，如果你想使自己的人生富有意义，就请把"终身学习"当作你的人生信条吧。现代社会是信息爆炸的时代，无论知识还是技术都是日新月异。你现在所掌握的知识很快就会被社会淘汰，如果你抱守残缺，你迟早会被历史所淘汰。

社会在不断进步，你也需要加快自己的脚步，不断地学习，不断地自我更新。只要一息尚存，就不能停止学习。停止就意味着死亡，一种深层意义上的死亡。你该懂得人生没有回头路，除了继续前进、不断学习外，你别无他法。

2.

紧跟时代潮流，善用电子商务

电子商务是利用电脑技术和网络通信技术进行的商务活动。作为20世纪最伟大的科学技术创造之一，互联网已经成为世界各国人民沟通的重要工具。进入21世纪，以互联网为代表的信息化浪潮席卷世界每个角落，渗透到经济、政治、文化和国防等各个领域，对人们的生产、工作、学习、生活等产生了全面而深刻的影响，也使世界经济和人类文明跨入了新的历史阶段。在企业中，无论是管理者还是员工，只有在掌握信息科技的前提下，学以致用，才能为企业发展提供坚强的能力保障。因此，职业女性要紧跟时代潮流，善用电子商务。

电子商务能够规范事务处理的工作流程，将人工操作和电子信息处理集成为一个不可分割的整体，这样不仅能提高人力和物力的利用率，也可以提高系统运行的严密性。但在电子商务中，安全性是一个至关重要的核心问题，它要求网络能提供一种端到端的安全解决方案，如加密机制、签名机制、安全管理、存取控制、防火墙、防病毒保护等，这与传统的商务活动有着很大的不同。因此，职业女性要学习网络安全知识，保护企业信息安全。

★★★★★

《纽约时报》曾经报道，美国头号家居修缮零售商Home Depot公司的一台笔记本被盗，该笔记本里存储有1万名雇员的个人信息。该笔记本为马萨诸塞州的一个地区经理所拥有，这位经理称当时他把车停在了路边，却忘记拿出车里的笔记本。幸运的是，这台被盗笔记本里没有存储消费用户的信息。盗贼可能只是想偷走笔记本而已。

上例中的区域经理因为一时的大意丢失了重要的信息资源，虽然没有造成什么损失，但并不是每次都能遇到买椟还珠的小偷的。职业女性要树立安全责任意识，将保护信息安全作为自己的一种习惯。互联网带给我们的不仅仅是缤纷的虚拟世界，还有各种形形色色的陷阱。如果你对此没有足够的警惕性，那么也有可能在不知不觉中滑入一个“网络陷阱”，可能面临实实在在的损失。对此，职业女性一定要保持警惕。

晓云是一家公司的白领，她每天的工作和众多的公司白领没有什么大的区别，早晨到公司打开电脑，她的电脑设有开机密码，当然这个密码没有人知道，并且她会时时更新密码，公司的文档同样设了密码，并且都有备份。在办公室，她有一个专用的移动硬盘，里面有着每份文件的备份，每次使用后，她都会把硬盘锁好，收好钥匙才会离开。她一旦要离开办公桌时，都会将电脑上锁，上班时间里，晓云从不会浏览一些无用的网站，或者点击一些不明来历的链接，因此她的电脑是全公司最“健康”的电脑，很少被病毒侵袭。有人问晓云：“干吗成天这么小心翼翼的，搞得神经兮兮的，很多人不像你这样，一样没出过问题啊。”晓云答：“一旦出问题，一切都晚了，损失是我无法弥补的，所以我要养成好的习惯。”

晓云是一个相当有责任心的人，她懂得信息安全的重要性，知道企业的信息安全一旦出问题，责任重大。因此要时时注意，处处小心。如今，信息技术的迅猛发展正在改变着人们的生活，合理使用先进的信息技术使得人们更好地利用信息的价值。然而，开放的网络是信息的主要承载体，人们在享受着它带来的便利的同时，非法利用信息技术和网络带来了信息安全问题，开始感受到信息安全所带来的巨大威胁。职业女性对此也要倍加重视才行。

3. 业精于专，塑造核心竞争力

职业女性在职场上打拼，能力是你最重要的通行证。拥有过人的能力，是事业成功的必要条件。我们要明白，即使具备优秀的能力也不一定会成功，但一个缺乏过硬职业能力的人，是一定不会成功的。一个人能力的高低，直接影响着他在老板眼中的分量和自己在职场上的前途。因此，应该想尽办法提高自己的能力，与你的行业一起与时俱进。只有那些与时俱进的员工，才能在职场上长期生存下去。

★★★★★

巴黎一家五星级大酒店有个小厨师，长得并不英俊，憨憨的，谁都可以说他两句，他都照单全收。他没有什么特别的长处，做不出什么上得大场面的菜，所以他在厨房里只当下手。但是他会做一道非常特别的甜点。两只苹果的果肉都放进一只苹果中，那只苹果就显得特别丰满，可是外表上看，一点儿也看不出是两只苹果拼起来的，就像是天生那样子长得一般，同时果核也被他巧妙地去掉了，吃起来特别香。

这道甜点被一位长期包住酒店的贵妇人发现，她品尝后，十分欣赏，并特意约见了做这道甜点的小厨师。贵妇人虽然长期包了一套最昂贵的套房，一年中也只有不到一个月的时间在这里度过，但是，她每次到这里来，都会指名点那道小厨师做的甜点。

酒店里年年都要裁去一定比例的员工，经济低迷的时候，裁员的规模会更大。不起眼的小厨师却年年风平浪静，就像有特别硬的后台和背景。后来，酒店的总裁告诉小厨师，那位贵妇人是他们最重要的客人，而他是酒店里不可或缺的人。

一个人的职场生涯占据了人生的大部分时间，在日益激烈的社会竞争中，工作往往成为了人们生存与发展的重要途径。而要想让自己成为企业不可或缺的人才，你就必须努力成为企业的核心员工。要成为企业的核心员工的硬件，就是你要对这家企业有贡献而且还是比较大的贡献。这是成为核心员工的首要条件。你的能力别人没有，这就是你在职场存在的理由，这就是你能够安身立命的资本。所以，作为员工一定要熟练掌握一门技能，成为企业的核心员工。否则，你在职场中就是可有可无的人，只能做什么人都可以做的事情，说不定什么时候就被别人顶替掉了。

作为个人，专业能力是我们生存之本。中国的经济在这 30 年来，都处于迅猛发展的阶段，对于劳动力的需求也越来越大，只要我们对工作不挑不拣，有一份工作并不困难。我们并没有在真正意义上去感受就业的残酷，企业裁员的残酷。失业，对于我们每个人而言，都是非常现实的问题。工作可以失去，但我们不能没有专业能力。失去专业能力，就失去了我们的生存之技。

因此，多学一些知识就多一份成功的把握。如果不能在工作中不断地学习，以提高自己的知识和能力，就算你曾是公司的三朝元老，就算你是硕士、博士甚至博士后，你不能应付自己的工作，不能为公司创造更大的价值，老板也会为了公司的利益，把你扫地出门。

全国劳动模范窦铁成只有初中学历，但他凭着自己的努力，最终成长为“企业的王牌员工”，被认为是现代产业工人的楷模。在铁路电气和变配电施工的技术方面，窦铁成被称为“问题终端解决机”。许多问题，他不需要去现场，只要听人讲解大概情况，就能很快找出“症结”所在。

1979 年，23 岁的窦铁成没有参加高考却通过了中铁一局的招工考试。窦铁成回忆说，那个年代，百废待举，人人憋足了劲要干出点什么来，而我当年从陕西蒲城农村出来时，只带着妻子的定情信物——一条手绢，和长辈的干一行、爱一行、通一行的重重叮嘱走上了工作岗位。

窦铁成能练成这样“出神入化”的技术本领，与他的干一行、爱一行、通一行的努力与刻苦是分不开的。窦铁成坚信一个人可以没有文凭，但不能没有知识和技能，参加工作后不久，窦铁成买来《高等数学》《电工学》《电磁学》《电子技术》《电机学》等书籍，开始了艰难的自学。60 多本、百余万字的工作学习日记是他孜孜不倦学习的见证。从一个普通的电工成长为高级技师，期间付出多少努力，也许只有窦铁成个人才清楚。

2006 年 7 月，窦铁成参加浙赣铁路板杉铺牵引变电所施工工程。这个变电所是浙赣铁路规模最大、技术含量最高的变电所。施工过程中，变电所的变压器引入导线设计要求为铜板双导线，但国内没有这种产品，交工日期已经逼近，大家把目光投向了老窦。连续 5 个晚上，他在宿舍写写算算，反复推敲。5 天后，“简化结构，保证功能”的产品加工方案“出炉”：利用现场既有的铜排、铜螺栓等材料，加工制作出符合技术和功能要求的全铜间隔棒，完全达到技术指标。后来，该技术在 900 多公里的浙赣线电气化改造工程中迅速推广，节约成本 4 倍多。由他负责安装的 45 个铁路变配电所，全部一次性验收通过，一次送电成功，获得“优质工程”称号。

参加工作 30 年间，他提出实施设计变更、解决技术难题、排除送电运行故障，为企业挽回经济损失及节约成本 1300 多万元。从一名只有初中文化的农村青年，成长为给企业创造上千万元效益的电力专家。

在这个充满变革的知识时代，企业需要专家型和知识型员工，员工也在为进一步体现自己的价值而努力成为专家型和知识型员工。企业未来成功的关键在于全体员工能真正行动起来，而企业需要明确的是创建专家型和知识型组织的基础在于员工。一个企业职工素质的高低，决定着企业产品的竞争力和市场占有率，从而决定着企业的前途。“科学技术是第一生产力”已被越来越多的人所认识。如何把科技转化为现实的生产力，关键取决于职工素质，因为科学技术是由人研究创造和使用的，没有人的高素质，也就没有科学技术的高水平和有效运用。

所以，作为一名职业女性，如果要避免被淘汰的命运，让自己有更好地发展，就要努力提升自己的专业技能，使自己成为那个不可或缺的人。当别人有的资源你不缺，而你有的资源别人又没有，你就有了安身立命的资本。

4. 谦虚好学，在工作中提高自己

英国著名哲学家培根说过：“知识就是力量。”其实知识本身并不具有力量，只有当知识化为明确的目标和具体的行动时，也就是说当知识转化为职业能力时，才会对人们起到一定的作用，才会增强我们解决实际问题的本领。作为职业女性，不论处在职业生涯的哪个阶段，学习的脚步都不能稍有停歇，要把工作视为学习的殿堂。

王灵是一所普通大学的学生，学的是计算机专业。临毕业前，在亲戚的帮助下，她进入某大城市的一家科研机构实习。刚去时，人生地不熟，她只好看着别人做，显得有点无聊。领导看她闲着也是闲着，便交给她一份资料，说："实习期间完成就行了，到时给你个实习鉴定。"王灵接过那摞资料翻了翻，二话没说，她就在电脑上忙乎起来。几天以后，她把资料分析结果交给了领导。领导当时有点不大相信，仔细地看了看那些资料才确信，王灵做得非常完美，暗暗地对这个学生有点刮目相看了。领导便想再试试她的才干，于是，又陆续交给她几项任务，并且给她留出的工作时间也很少。而这一切都没有难倒王灵，她居然都提前完成了。

实习结束后王灵回到了学校。当别人都在为毕业找工作而忙得四处求职时，她实习过的那个单位领导却来到学校，点名要跟她签约。

有人跟这家科研单位的领导说："那么多的重点大学毕业的本科生、研究生你不要，却要一个普通的大专生，是不是她家有特别的关系，走后门进来的?"领导很正经也很严肃地说："这一点我可以完全肯定，她不是走后门进来的。她确实是有能力，能做成事。"事实证明，王灵确实是一个有能力的人。以往由人工做的事情，由于烦琐、计算等方面很复杂，容易出误差，而且费时费力，而她凭着过硬的计算机技术，不仅减轻了部门工作量，节省了人手，还大大提高了工作效率。

后来，单位的上级部门听说她很有才能，便借调她去帮忙。结果是：这个部门以前的报表都是最后交，并且还经常返工，但这一次，是第一个送上去的，成为报表一次通过审核的少数部门中的一个。上级部门的领导非常看好她，便点名要她留在那里工作。虽然下属单位有点舍不得王灵，但还是不得不放。

当别人正在为保饭碗而时时担心下岗失业时，王灵却被不同部门争来抢去。凭的是什么？凭的是她的能力。王灵是一个善于学以致用的员工典范。她能将自己掌握的知识运用到具体的工作中去，将所学知识转化为工作能力。

知识就是力量，是一个职业女性的核心竞争力，学习是每一位职业女性一生的功课！一个职业女性可以不漂亮，可以不美丽，甚至可以没有多少气质，但是绝不能没有知识。知识关系着一个人的内涵与气质。知性美的职业女性是富有魅力的。正是由于这个原因，“花瓶式员工”只能停留在低薪岗位上，每月领取基本工资，高额的奖金和绩效工资与她们无缘。

2006年，两个年轻的大学生同时应聘到一家公司，一个是名牌大学毕业的高才生小王，另一个是普通大学毕业的小赵。因为她们都是刚刚参加工作，没有什么经验，所以，公司安排她们从基层干起。尽管她们担任的职位差不多，但起薪有所不同，高才生小王的工资自然要高一些。高才生小王在大学里储备了丰富的知识，对于自己的工作任务能轻松自如地应对。非常自信的她，甚至有点瞧不起小赵那些笨头笨脑的做法。颇有自知之明的小赵，知道自己的学识有点浅，知识面没有小王宽。为了缩小自己与小王的差距，小赵经常利用空闲时间努力学习。碰到不明白的地方，小赵有时不得不硬着头皮向自负的小王请教。

虚心好学的小赵，在工作上也经常向同事们请教，还时常征求领导的看法，以便在工作中能及时发现问题，纠正错误。通过旁人的指点，小赵在工作和学习中少走了许多弯路。

有一次，晚上10点了，老板正要离开办公室，看到小赵还在电脑旁忙碌，便催小赵下班。小赵告诉老板，自己觉得业务能力很一般，想对业务更精通些，便每天晚上在网站上查些学习资料，提高自己的业务水平。老板点了点头，给她推荐了两个不错的专业网站，就离开了公司。

因为小赵的不断努力，不知不觉中，小赵的工作能力便和小王旗鼓相当了。一年以后，这两个年轻人的工作能力又有了新的差距：小王和刚入公司相比并没有太大的提高，倒是小赵在原有的基础上，前进了一大步。公司交给的任务，小赵不仅完成得又快又好，还能在工作中提出很多完善管理、创造效益的好点子。她的业绩大大超过了小王，而且还被提升为部门主管，当然薪水也要高于小王。

当今社会知识在不断更新，只有不断地学习，才能不断适应日益激烈的市场竞争。而组织员工的再培训、再提高已经成为企业人力资源部门的日常工作。员工只有接受培训，才能适应企业的不断发展和变化。员工培训是一项重要的管理理念。摩托罗拉公司认为，在未来10年的商战中，最重要的武器是承受能力、适应能力和创新能力，而这一切最根本的保证就是加强员工培训。作为一名职业女性，不妨利用空闲时间从事在职进修。虽然忙一点、累一点，但是总比与朋友吃喝玩乐、看电影、闲逛，或坐在家里看电视要有意义得多，更何况可以充实自己的实力，为将来的发展准备本钱，也可以结识一些有上进心的人，建立一个全新的人际关系网，有什么不好呢？

5. 博览群书，增长各种各样的知识

高尔基曾说：“书籍是人类进步的阶梯。”对于这个“阶梯”的理解应该是，人们一生的经历有限，不可能每件事情都通过自己的行动来

获得知识，那么就只能依靠书籍。书籍是人类知识载体，它记录了人类千百年来的每一点进步，通过阅读不同的书籍，掌握各个时期、各个种类的知识，这就是读书的真理。对于职业女性来说，无论财富还是名誉，这些都是过眼的东西，你带不来也拿不走，它们都不属于你。只有知识是你自己的，你通过努力学习获得了知识，它永远是你的，没有人能夺走。人要积累财富，只有知识是最好的财富。所以，我们都应该做一个终身学习的知识女性，以真正的学识来提升自身的文化素质，这些素质是不会随时间而变老的，反而，会因年岁的增长而更有持久的魅力。

吴敏定居在上海已经10多年了。她快人快语，风风火火，热情洋溢，聪明干练。虽已人到中年，但仍能看出年轻时的她肯定是个非常漂亮的女孩。从来上海至今，她一直从事餐饮行业，先给人打工，后来自己开店当老板。10年来风风雨雨，不管多苦多累，她总是欢欢喜喜，乐在其中，把餐馆打理得干净、舒适、温馨。她的餐馆坐落在一个繁忙的购物中心，同时又有不少办公大楼集聚在此。由于她对人热情爽朗，饭菜做得又好又快，价格十分合理，所以来就餐的人越来越多。许多人成了她的长期食客，也成了她的好朋友。比如吴敏时常会收到邀请她参加美国人周末家庭聚会的请帖。

吴敏在北京读大学时学的是经济专业，平时没什么嗜好，最喜欢阅读文学作品。但她不喜欢琼瑶的小说，说商业化太重，而且只是赚人眼泪，读完也就完了，没有什么收获。她也不怎么爱看武侠书，认为无非打打杀杀，情节太离奇。她喜欢茅盾、老舍、鲁迅等大师的作品，老舍的精品书籍也几乎全部读过，而且记忆犹深。每天从餐馆回到家中，她会让自己在一天的劳累中放松下来，先读一阵报纸、杂志，最后拿起喜欢的书籍静静地阅读。

一个没有书籍、杂志、报纸的家庭，是缺乏动力的，人们只有通过经常接触阅读，才能对学习产生兴趣，才能在不知不觉中增长各种各样的知识，才能不与社会脱节。一位原来只是补习班讲师的英文教师，后来成为一家著名英文杂志的发行人，他说他一共买了三套英文百科全书，一套缩写本随身携带，一套放在家里，一套放在工作岗位，随时阅读。他以随时随地提高自己为目标，慢慢把自己带向成功之途。聪明的人在学生时代就养成了一种重要的能力，那就是怎样从一个汗牛充栋的图书馆中辨别选择书籍，以供阅读，这种能力将对他的一生产生很大的影响，因为掌握了如何在图书馆里寻找自己需要的书籍、资料，就等于掌握了怎样学习的方法。

读书是职业女性的立身之本。读书的职业女性是知性的，她们充满智慧与热情。她们勤于思考，冷静而理智。她们能在纷繁复杂的无序中理出头绪，抓住问题的症结，找出解决问题的方法。读书的女子，通常被冠以兰心蕙质之说。书让职业女性通达、宽容、博学、独立、多思和智慧，读书能遮掩职业女性外在很多的缺陷。说出来的话、写出来的文章、做出来的事，都可以让人刮目相看，渐渐地忘记她的身材，她的脸，默读她的才情、风韵和智慧。爱读书的女性是一道不事张扬的风景，永远都让人回味的风景线。

读书的职业女性最美。我们需要读书。只有读书，我们才能有源头活水，滋润心田。通过阅读让我们成为一名气质优雅的人，快乐的人。书带给我们不同于一般的气质和风韵，即使忧伤的眼眸里也有着淡淡的书香气味。用一颗豁达的心去读书，才能体味书中的微妙之处，汲取书籍中的养料。

6.

活到老学到老，每天充电 30 分钟

中国有一句老话：活到老，学到老。学习是一个漫长的过程。学习与年龄无关，不单纯是少年、青年人的需要，也是中年人和老年人的需要。因此，学习是一辈子的事情，这已经不是什么高深的理论，大家都有此共识，但未必人人都能做到。

今天，你无论多忙，都应该抽出一点时间来读书。不为消遣，只为学习。对于职业女性来说，无论财富还是名誉，这些都是过眼的东西，你带不来也拿不走，它们都不属于你。只有知识是你自己的，你通过努力学习获得了知识，它永远是你的，没有人能夺走。人要积累财富，只有知识是最好的财富。所以，我们都应该做一个终身学习的知识女性，以真正的学识来提升自身的文化素质，这些素质是不会随时间而变老的，反而，会因年岁的增长而更有持久的魅力。

被称为“全球第一女 CEO”、曾任惠普公司董事长兼首席执行官的卡莉·费奥莉纳女士是从秘书工作开始的职业生涯。那么，她是如何提升自我价值，一步步走向成功，并最终从男性主宰的权力世界中脱颖而出的呢？答案就是不断在工作中学习。

卡莉·费奥莉纳学过法律，也学过历史和哲学，但这些都不是她最终成为 CEO 的必要条件。卡莉·费奥莉纳并非技术出身，在惠普这样一家以技术创新而领先的公司，她只有通过不断学习才能达到。她说："不断学习是一个 CEO 成功的最基本要素。这里说的不断学习，是在工作中不断总结过去的经验，不断适应新的环境和新的变化，不断体会更好的工作方法和效率。我在刚开始的时候，也做过一些不起眼的工作，但我还是从自己的兴趣出发，找最合适的岗位。因为，只有我的工作与我的兴趣相吻合，我才能最大限度地在工作中学习新的知识和经验。在惠普，不只是我需要在工作中不断学习，整个惠普都有鼓励员工学习的机制，每过一段时间，大家就会坐在一起，相互交流，了解对方和整个公司的动态，了解业界的新的动向。这些小事情，是能保证大家步伐紧跟时代、在工作中不断自我更新的好办法。""很少有人能够具备与生俱来的领导能力，真正成功的领导者肯定是在工作中不断积累经验、不断学习而逐步成功的。"

★★★★★

一个愿意通过学习来提升自己能力的人，最终会获得职位上的升迁和事业上的成功。学习是不断提高自己的阶梯，只有通过学习才能更好地为企业服务。人类社会越来越文明，作为个体的人，一生中受教育的时间也就越来越长。因此，学习是一种进取的精神。正是由于有了这种精神的存在，人生才有意义。过去已经取得的学历、成绩仅仅代表过去，而迎接你的只有未来。通过自己的进步体会着人生的价值，体会着人生的快乐，同时也在为别人的快乐忙碌着和工作着，在忙碌的人生中获得自我的幸福和满足。由此可见人的进步是一辈子的事情。

《论语》中说："学而时习之，不亦说乎！"可见学习是人生最大的快乐，学习也是不分老幼的。一个想要获得成功的人，不但要志在高远、脚踏实地，更重要的是，要懂得持续不断地学习。今天的时代是知识爆炸的时代，知识总量呈几何速度增加，大量信息扑面而来。有研究表明，19 世纪人类知识每 50 年翻一番，而 20 世纪 80 年代每 3 年翻一番，那么 21 世纪呢？两年不学习，我们的知识就跟不上时代的要求了，几个月不学习我们就会大大落后于别人。因此，学习从来没有像现在这样显得紧迫而又艰巨。学习是职业女性永葆青春的法宝，要跟着时代的步伐与时俱进地改变，与日俱增地积淀，活到老学到老。

对于职业女性来说，杨澜在各个方面都树立了榜样。她是中国主持界的奥普拉，因创建“阳光卫视”在商界占有一席之地……作为人到中年的成功女性，杨澜仍保持少女般的身材，容颜从未沾染岁月的痕迹。即便如此接近完美，她仍然不断向新目标启程。杨澜的美，正是在不断超越自己时散发出的自信光芒。

杨澜当年急流勇退后，人们似乎才真正开始记住她。舍得放弃的人自然收获更多。如今，身着套装，淡定微笑地出没于名流社会的杨澜成了职业女性的典范。

杨澜是当今我国最出色的女性之一，她美丽、聪慧、优雅、知性，才到而立的年龄，就已经实现了许多职业女性一生都无法实现的人生梦想：考上好大学，找到好工作，嫁给好丈夫，生下好儿女，开创好事业，而且她的精彩人生才只是刚刚拉开序幕而已……

决定杨澜命运的一个契机，是在央视主持《正大综艺》，在这里，让她获得了全国性的知名度和注意力。虽然在事业上已经小有成就，但杨澜并没有满足，为了给自己充电，她又到国外去学习。在欧美完成学业后，她在事业上再创高峰，任凤凰卫视主持人。2000 年 3 月，她收购良记集团，更名为阳光文化网络电视控股有限公司，并成功地借壳上市，雄心勃勃地要打造传媒帝国。那时，在资本市场上，传媒概念正如日中天，阳光卫视的出现适逢其时，杨澜成了时势造英雄的绝佳样本。

从 1994 年离开中央电视台赴美留学以后，她相继和东方卫视、凤凰卫视、湖南卫视合作，主持了《杨澜视线》《杨澜访谈录》《天下职业女性》等节目。从体制内到体制外，从主持人转变为独立电视制片人，从娱乐节目到高端访谈，再到探讨女性成长的大型脱口秀节目。每一次转型，她都会用自己的智慧令人耳目一新。

杨澜的每一次人生转折，似乎都是一次有着机缘的跳跃。她在人们的心目中永远是成功的，因为她用自己的亲身经历向我们展示了一个职业女性的成长与睿智。

杨澜的故事告诉我们，每个女性，要想成功，就得不断尝试着创造更新的自我，让自己定期充电，由内而外地自我完善，只有超越自己的职业女性才最美丽。职业女性都明白一点，那就是，身处日新月异的科技时代，不进则退。因此，在变化不断的职场上，女性要把充电当作生活的一部分，选择各种方式的“充电”，来使自己职业发展的道路更宽。在工作中保持学习的意识和心态，才能让自己不断进步。简单来说，充电可以分为两种：一种是经验的积累，可以在平时的工作中平行进行。如在工作中处理不同的事务，接触不同的人，甚至尝试解决新情况新问题，这些都是对能力的锻炼。第二种是专业知识的学习，这个就会占用业余时间，需要“挤”出时间来进行。

对个人而言，可以根据自己的职业兴趣和目标来制订充电计划，或为培养第二职业打基础，使自己跟得上软环境的变化；对于经济不是很宽裕的人来说，充电的形式可以采用公开课、讲座、书籍光盘等进行有效的补充。这样每天坚持 30 分钟，天长日久的进步就很可观。“人，若是能养成每天读 10 分钟书的习惯，20 年后，必判若两人。”一位曾任的哈佛校长这样告诫他的学生。但是，读书不能不求甚解，对书籍的钻研是一个人从书本中获取新知识的重要途径。

第九章

重视团队，不做“独行女”孤立自己

职业女性的优势是善于合作。一个团队不能少了女性，男女搭配，干活不累。团队中，有了女性的存在，这个团队更有拼劲、有干劲、有力量。只有深刻认识到这一点，时刻把自己融入到团队中，才能成为一个优秀的员工，才能成为公司中不可替代的人才，从而成就自己的辉煌事业。

1.

团队合作，众人拾柴火焰高

在当今社会生产中，团队越来越显示出了它的重要性，面对社会分工的日益复杂化，个人的力量和智慧显得十分微不足道，即使是天才，也需要他人的协助。只要我们是一个企业的员工，只要我们是一个团队的成员，就需要团结协作，就应该为了实现企业、团队的共同目标和利益紧密协作，只有这样才能形成强大的凝聚力和整体战斗力。

团队的由来，是社会的必然和自然选择的直接结果！最初，人除了发达的大脑，没有什么其他优势，无论是在速度上还是在力量上都处于劣势。为了生存，人与人之间组成了团队，以抵御强敌并获得生存的空间。于是，自然选择使人与人组合，而人与人的组合则开始主宰世界。可以说，一旦人与人组合在一起，就有了战胜一切的强大力量。

★★★★★

1953年，埃德蒙·希拉里和丹增·诺盖首次成功地登上了世界最高峰——珠穆朗玛峰峰顶。他们都被尊为英雄，他们的成就已载入史册。但是大家可能不知道，他们背后还有一群人默默地奉献，没有这些人，这两个人可能不会完成此次壮举。当时的领队亨特建立了一支由登山员、夏尔巴人、搬运行李物资的人和牦牛组成的大军，按部就班地往山上进发，同时往返穿梭向更高的营地运送支持物资。到最后两个人要登顶时，亨特已经亲自把物资供应延伸到了距离顶峰垂直距离只有

610 米的地方。

这个故事告诉我们：一个人的力量是有限的，只有在团队的帮助下才能达到最高峰，无论是高山还是事业的最高峰。因此，职业女性要学会合作。众人拾柴火焰高。只有与人合作，众志成城，才会战胜一切困难。所以，养成良好的合作习惯直接关系到职业女性的前途。今天，无论你从事什么样的工作，处于什么样的环境，都无法脱离他人对你的支持，一个人无法完成所有的事情。因此，在职业生涯中，团队精神已经越来越为公司和个人所重视，因为这是一个团队的时代。无论是从公司发展还是从个人发展方面，你都不能脱离团队。作为职业女性，我们唯有彼此扶持、彼此帮助，才能最终实现个人前途与企业共同发展的“双赢”。

林惠天生丽质，气质不凡，大学时代便是众人竞相追逐的“美人”。没想到进入职场后，美貌与智慧并重的她却处处碰壁。林惠讲述了她的亲身经历：“我大学毕业后进了一家外企，考虑到是在外企工作，我每天都非常注意自己的形象，在着装打扮上也花了不少心思。靓丽的我每天都出入于高档写字楼中，自我感觉很棒！在别人的眼里也挺风光。让我没料到的是不到半年时间我就不得不辞了这份工作。为什么呢？原因很简单，我的形象和个性太张扬了，引起了公司里那些女同事，甚至女上司的嫉妒，她们为此都跟我过不去！”

“我的女上司，没我长得好看，我到公司不久，她就对我看不顺眼，事事与我作对，还联合其他同事一起孤立我。我一直是被大家宠惯了的，哪受得了这番怨气？于是，我以眼还眼，以牙还牙，对她冷淡起来。除了工作需要外，从不跟她搭话，更别提露个笑脸了。结果没过多久，我就被调到别的部门去了。我心里明白，她是怕我比她年轻漂亮，占了她的上风。进入新的部门，开始大家相处得还算不错，但不久后就遇到同样的问题。有一个女同事，总是在工作中找我的碴儿，不但不跟我合作，还时常在我背后说三道四。一天，我终于忍无可忍了，和她大吵了一场，轰动了整个公司。出了这口恶气，我觉得自己在这个公司是待不下去了，次日我就辞职不干了。”

林惠美丽、率真、自信、敏感，她完全能胜任自己的工作，但在处理公司组织中的人际关系上还不够成熟，团队合作意识也不足。一个职业女性有了美貌后还应该具备团队精神。林小姐的失败就在于她缺乏团队精神。事实证明，职业女性光靠自己单打独斗，成功的希望实在是微乎其微。那些成功者之所以能取得成功，是因为他们总是在不断地与别人合作，不断地寻找可以帮助他们的朋友。

在职场中，没有人是万能的，合作才能成就卓越。曾经有记者问世界首富比尔·盖茨成功的秘诀。盖茨说：“因为有更多的成功人士在为我工作。”众所周知，微软公司使数以万计的雇员成了百万富翁。可鲜为人知的是，他们中许多人在取得了经济独立之后，仍继续留在微软工作。在某些人看来，这些百万富翁大概是发了神经。的确，大多数人认为，发财就等于取得了辞职的资格证书。但是，微软公司的百万富翁们并不那样认为。那么，是什么神奇的吸引力，竟使这些百万富翁不是因为自己经济的需要而如此卖命地工作呢？答案只有一个，那就是完全超越了自我的团体意识。这种团体意识，已在微软公司生根发芽。微软人认为，他们不属于自己，而是从属于微软这个团体。董事长比尔·盖茨在谈到团队精神时，讲过这样一段话：“这种团队精神营造了一种氛围，在这种氛围中，开拓性思维不断涌现，员工的潜能得以充分发挥。”

事实上，每一个成功人士的背后都有一大批人在奉献。每一位知名企业家，幕后都有一个出色的团队；那些电影明星，身后都有制作团队；那些歌星，也都离不开音乐工作者和唱片公司的支持。这些人成功靠的不仅仅是自己的努力，更多的是大家的努力，所以有人说这是一个合作的时代。英国历史学家艾瑞克·霍布斯邦说：“如果说20世纪是民族独立的世纪，那么21世纪是全面合作的时代。大到国家小到个人，都是如此。”事实证明，确实如此，现代人已越发地感觉到合作的重要。许多职业女性很聪明却不能成功，往往就败在了与人的合作关系上。

2. 融入团队，争取大家的认同

在职业生涯中，你经常会听到一个词：团队。可以说，随着竞争的日趋激烈，团队精神已经越来越为公司和个人所重视，因为这是一个团队的时代。无论是从公司发展还是从个人发展方面，你都不能脱离团队而且必须融入团队中去。有很好的团队合作，才能取得更大的成绩。

佛家有一个很著名的故事：一次释迦牟尼在给弟子们讲授佛法时，突然提出了“怎样才能让一滴水永不干涸”这个问题。大家沉思良久，都不知如何作答，最后还是佛祖本人给出了答案：“把它放进大海里吧！”

如果从职场角度来看，这个答案恰好解释了个人与团队的关系。一滴水的单独存在微不足道，一阵风、一点阳光，甚至可能人们随手轻轻一碰，就能让它从这个世界彻底消失。可要是这滴水进入了大海，那情况就大不一样。它不仅不会干枯，更有可能借助大海的力量去创造奇迹，和大海一起掀起滔天巨浪，无所不能。

女性一步入职场就要用实际行动传达出明确的信息：我是加入这个团队和大家一起工作的。任何一个团队，每个成员的发展都不是孤立存在的，都离不开别人的支持与帮助。融入团队，增强团队的凝聚力，必须要有彼此的真诚。职业女性只有真诚地去面对，才会有更好的合作，团队才能更具竞争力，团队成员才会有更好的发展前景。

欧阳小雪是一名营销专业的大学生，她不仅长得漂亮，而且还能说会道，口才不错。毕业后，她在一家大型健身会所当业务员。工作没多久，由于她各方面的优势，很快就做出了业绩，深得老板赏识。照理说，欧阳小雪是很有前途的，但她有个致命的缺陷，就是不能和同事合作。一天，同事杜香梅问欧阳小雪："你待会儿有没有时间？我刚联系到一个客户，是个大客户，打算一次性办三年的健身卡。我怕自己口才不大好'攻'不下来，想请你帮忙，以便拿下这个客户。""我待会儿也要接待一个客户。"欧阳小雪冷冷地说。但是那天下午，欧阳小雪却一直在发传单，并没有与客户洽谈。杜香梅看到后心里非常愤恨，一心想团结周围的"姐妹"们把欧阳小雪"开除"出去。

不久后，欧阳小雪也遇到了工作上的困难，因为感冒，她几天都无法接待办卡客户，便赶紧打电话请杜香梅她们帮忙接待一下。杜香梅想起了她以前的冷漠，便以牙还牙，而其他同事也对欧阳小雪的客户爱理不理。几天后，欧阳小雪感冒好了，回到公司后发现业绩损失很大，于是她对同事们产生了更大的怨恨，以后更加不愿意帮周围人的忙，和杜香梅等人的关系一直处于紧张状态。就这样，欧阳小雪与同事之间的人际关系形成恶性循环，业绩一步步下滑。她感受不到一点快乐，每次进会所都倍感压抑，最后只得无奈地选择了离开。

欧阳小雪的"离开"，再一次印证了一个道理：不能与团队融合，就不能在职场混下去。那种只顾自己、不顾别人的员工，是不会受老板和同事欢迎的。想要得到同事的认可、上司的欢迎，除了努力工作之外，团队精神不可或缺。如果欧阳小雪一开始就能够和同事们配合好，在杜香梅需要帮助时主动帮忙，那么她的最终结果就不会那样无奈。

在职场里，只有把自己很好地和团队融为一体，才能让自己得到最好的发展。这就好比一盘散沙，尽管它金黄发亮，也仍然没有太大的作用。但是如果建筑员工把它掺在水泥中，就能成为建造高楼大厦的水泥板和水泥墩柱；如果化工厂的员工把它烧结冷却，它就变成晶莹透明的玻璃。单个人犹如沙粒，只有与人合作，才会起到意想不到的变化，成为不可思议的有用之才。

职业女性明智且能获得成功的捷径就是充分利用团队的力量。正如IBM人力资源部经理所言：“团队精神反映了一个人的素质，一个人的能力很强但团队精神不行，IBM公司也不会要这样的人。”在职场里，一个人如果不懂得取长补己之短，那么就无法得到领导的赏识。相反，如果女性能够懂得“一滴水，只有融入大海，才永远不会枯竭”，把自己充分地融入到整个企业、整个市场的大环境当中，那么就一定能够充分发挥自己的才能，从而创造出更大的价值，实现自己的人生价值！

3. 不要把情绪带到团队中来

在工作中，情绪化是客观存在的，但职业女性如果存在过分的情绪化，必然对工作有所影响，特别是把负面情绪带到工作中，不仅会影响自己的工作开展，更会影响整个团队的和谐发展。

玛利亚在一家大型制造公司做了四年的人事官员，并获得了一所大学的心理学学位。她性格外向，对自己的生活道路大体上是乐观的，工作顺利，婚姻幸福。然而她却常常陷入一种莫名的不快中。

她承认，“我总觉得自己失去了什么。我在工作中并不很受欢迎，因为我对同事们从没有真正的亲密感。或许在内心深处我不相信任何人。当有人直截了当地问有关我自己的问题，我通常闪烁其词。作为人事官员我需要人们的支持和信任。但我感觉她们有点儿躲着我，甚至提防我，或许她们是在回报平日里我对她们的喜怒无常和神经质吧。”

玛利亚的想法没有错，恰恰是因为她不善于控制自己的情绪，喜怒无常，让人觉得她有神经质，才躲着她。那么错在哪里呢？玛利亚显然是成功的职业人员，她的工作涉及操纵其他同事并又离不开她们的支持和拥护，她虽然有不错的学位和职位，却显然不能对工作驾轻就熟。其症结就在于不能信任同事、尊重同事，无法良好地管理、控制自己的情绪，结果既伤害了自己，又得罪了她人。

这个世界上类似的人并不少见。许多职业女性都容易有这样的感觉：如果事情搞糟了，那就一定是别人的过失。不过玛利亚有一点比许多具有同样问题的人胜过一筹，那就是她认识到事情虽不如意，而过失或许在她自己。由此可见，控制好自己的情绪多么重要。每个人的情绪都会时好时坏，学会控制情绪是团队成功的要诀。

在职场中，许多女性在情绪失控时往往不知道自己的状态，所以自己事前多加注意非常重要。情绪的舒解有许多方法可依循，进行一些静态或动态的活动，例如运动、阅读，甚至还有人去学插花、茶道等，目的都是在于让自己情绪能稳定。要知道，一位情绪容易失控的人，不论在人际关系或工作上，都会导致自己越来越被动，这只会让我们离目标越来越远。因此，有效地控制自己的情绪，不仅是实现目标的前提，高效工作的基础，更是作为一名职场女性必须具备的素养之一。

职场管理学告诉我们，要想在职场中表现得恰当，就一定要学会控制情绪，更不能让自己感染上不良情绪。因为过于情绪化的反应，不仅会破坏自身形象，还会影响团队形象和公司业绩。那么，是什么导致了自己在工作中的坏情绪呢？

第一，心理疲劳。

心理疲劳一般伴随着两种情况发生在工作中紧张过度，心理活动异常，心理机能降低；在工作中长期处于一个环境，长时间地从事单调、乏味的工作。其主要表现为自己感觉体力不支、精神不济、反应迟钝、注意力不集中、思维不敏捷、情绪低落、工作效率降低、错误率上升。

第二，情绪失调。

喜、怒、哀、惧是人类最基本的四种元素，情绪可以调节和影响我们的认知，也可以协调社会交往和我们的人际关系。所以调节好我们的情绪，有助于我们在工作中保持良好的工作心态，有助于提高工作效率，促进职场关系。

第三，压抑。

压抑是指心理上感到束缚、抑制、沉重、烦闷的心态。在工作中我们通常是小心翼翼以不影响工作、人际关系为原则长期地压抑自己，自己的许多权利自然而然地被限制了，所以当遇到一个导火线时就会以几倍的力量爆发出来导致情绪失控。

职场中，我们会遭遇各种各样的事情，自然我们的情绪就会跟随着起伏。但如果我们任由自己陷在消极情绪中，那么这些不良的情绪就会变成阻碍我们人生航程的桎梏。一个人随便表现出自己的情绪不仅会伤害自己，而且也会伤害别人，伤害人际关系。对此，职业女性如果不想把负面情绪传染给他人，就要自己调节和消化它们。比如：

第一，与人交谈。

将心中的害怕、担忧的事坦率地说出来，能使自己慢慢地感到踏实。向那些愿意倾听并且真心实意帮助自己的人吐露心中的秘密，是行之有效的方法。如果羞于启齿，不妨写信、发信息和 QQ 聊天方式告之。

第二，融入大自然中去，增加运动量。

女性到大自然中，到山上散步、到河堤跑步、到公园走动都可以改善情绪，增强自信。这样不仅有利于身体健康，也有利于心理健康。运动不仅是一种肌肉的锻炼，也是一种情绪的放松。经常锻炼，其思维的敏捷性相对提高，也容易意识到自己在哪方面出了缺陷，会把烦恼丢在一边，转移了注意力，从而改变不良的情绪。

第三，听听音乐。

经常聆听美妙的音乐可使人情绪愉快。如果情绪极度低落可听听缓慢轻柔的曲子，逐渐改变乐曲的节奏，不要一开始就听欢快热烈的音乐。

第四，多帮助别人做点有益的事。

女性帮助别人就能增加社会交往，同时体会到自我价值，从而使人感到快乐，逐渐从低落情绪中解脱出来。

第五，把烦事忘记。

记忆是大脑的一项重要功能，但忘记也是大脑的一项非常宝贵的功能。如果没有忘记，天长日久，我们的大脑将不堪重负。可以肯定地说：忘记并不是坏事，它本身就是人生来就具有的自我保护机制。调控情绪应该充分利用这种保护机制，要像清理房间或抽屉一样，及时处理掉心理垃圾。

4.

重视沟通，提高团队凝聚力

职业女性在工作或人际关系上，因为每个人的阅历不同，对事情的感受与领会就会有出入。一件事，你可能与旁人意见一致，也许歧见甚深。因此，女性在工作上与同事、上司、下属交换意见的机会十分之多，千万别小看团队沟通的重要性，善于沟通的人才能处处受欢迎。

团队沟通是随着团队这一组织结构的诞生而应运而生。团队沟通即为工作小组内部发生的所有形式的沟通。不少人一提起沟通就以为是要善于开口滔滔不绝地说话，事实上，团队沟通既包括怎样发表自己的看法，也包括如何倾听别人的意见。职业女性做好团队沟通的方式有许多，除了面对面的直接交谈外，一封快捷的电子邮件、一通热情的电话，甚至是一个双方目光接触的眼神都是沟通的手段。职业女性在沟通时需要掌握好三个原则：

第一，站好立场。

假如你刚到一家公司，要充分认识到自己是团队中的后来者，也是最缺乏资历的新手。通常来说，领导和同事都是历经职场考验，他们是你在职场上的前辈。在这样的情况下，作为新人，你在表达自己的想法时，要尽量采用低调、迂回的方式。尤其是当你的看法与其他同事有较大冲突的时候，更应充分考虑到对方的威信度，充分尊重他们的个人意见。同时，在阐述自己的观点或理由时也不能太过强调自我，要更多地、自觉地站在对方的立场上思考问题。

第二，顺应风格。

不一样的企业文化、不一样的管理制度、不一样的业务部门，沟通风格自然也会不一样，有时甚至截然相反。一家欧美的 IT 公司跟一家生产重型机械的日本企业的员工的沟通风格必定相差甚远。再比如，人力资源部门的沟通方式同工程现场的沟通方式也会极为迥异。女性要留心观察团队中同事间的沟通特点，注意把握大家表达观点的不同方式。假如其他人都是胸襟坦荡、开诚布公，那你也就不妨有话直说；假如其他人都偏向含蓄委婉，你也要讲究一些说话的技巧，不可太过于直露。归结为一句话，就是要尽量采用大家都较为习惯和认可的方式进行沟通。

第三，及时沟通。

无论你性格属于内向还是外向，或喜欢跟他人分享与否，在工作中，时常注意与同事沟通总比自我封闭而逃避沟通要好很多。尽管不同文化的公司在沟通风格方面会有很大不同，然而性格外向、乐于跟他人交流来往的员工总是更受欢迎。你应把握一切可能的机会同领导、同事自如地交流，在适宜的时机巧妙地说出自己的观点和想法。

★★★★★

春秋战国时期，耕柱是一代宗师墨子的得意门生，不过，他老是挨墨子的责骂。有一次，墨子又责备了耕柱，耕柱觉得自己真是非常委屈，因为在许多门生之中，自己是被公认的最优秀的人，但又经常遭到墨子指责，让他感觉很没面子。

一天，耕柱愤愤不平地问墨子："老师，难道在这么多学生当中，我竟是如此的差劲，以至于要时常遭您老人家责骂吗?"墨子听后反问道："假设我现在要上太行山，依你看，我应该要用良马来拉车，还是用老牛来拖车?"

耕柱回答说："再笨的人也知道要用良马来拉车。"墨子又问："那么，为什么不用老牛呢?"耕柱回答说："理由非常简单，因为良马足以担负重任，值得驱遣。"

墨子说："你答得一点也没有错，我之所以时常责骂你，也只因为你能够担负重任，值得我一再地教导与匡正你。”

虽然这只是一个很简单的故事，不过从这个故事中，我们却可以看出有效沟通的重要性。故事中，耕柱如果与墨子没有进行有效沟通，不理解墨子通过磨炼对他的栽培提携之意，很可能就认为是老师对他有意刁难，“愤愤不平”中很可能就做出违背老师本意以及不利于团队的事情，产生不堪设想的后果。所以，一个沟通良好的企业可以使所有员工真实地感受到沟通的快乐和绩效。加强企业内部的沟通，既可以使管理层工作更加轻松，也可以使普通员工大幅度提高工作绩效。职业女性想要取得成功，最重要的一点就是要能跟同事、上司、客户进行顺畅自如的沟通，就女性而言，出色的沟通能力是提高团队凝聚力的关键要素。一个团队的优秀就体现在超强的凝聚力上。有凝聚力的团队才有战斗力。那么，在工作中，女性如何才能把团队凝聚力发扬得更好呢？

第一，要建立和谐的信赖关系，营造良好的人际氛围。

如果我们能与同事、领导形成和谐的信赖关系，搞好与其他单位的协作配合，多交流、多协调、多沟通，互相帮助，共同提高，就能营造和谐、融洽的氛围，就能团结一致、齐心协力，共同把工作干好。

第二，要积极参加集体活动，增强团结协作意识。

参加集体活动，可以增强我们的团结协作意识，进而产生协同效应；在遇到困难的时候，就能共同想办法、出主意、凝聚集体的力量，做到“三个臭皮匠，顶个诸葛亮”。当我们在工作中遇到困难，内心彷徨、犹豫不决的时候，同事之间发自内心的鼓励和帮助，可使我们感受到团队的巨大力量。

第三，要营造你追我赶，力争上游的工作氛围。

没有流动的水就没有活力，缺少春风的大地就缺少生机。竞争是保持团队锐气的必要条件，它能促进我们在学习上更刻苦，工作上更努力，作风上更加顽强，从而加快完善自我的步伐。

第四，多跟别人分享看法，多听取和接受别人意见。

这样你才能获得众人接纳和支持，方能顺利开展工作。

第五，有原则而不固执，以真诚待人。

虚伪的面具迟早会被人识破的。处事手腕灵活，有原则，但却懂得在适当的时候采纳他人的意见。切勿万事躬迎，毫无主见，这样只会给人留下懦弱、办事能力不足的坏印象。

5. 懂得分享，不独占团队成果

分享是团队精神的重要体现。对职业女性来说，愿意分享，学会分享不仅是一件快乐的事情，更应该是一种修养，一种成功的途径。分享是团队发展的一个很好办法。比如分享信息、方法和经验，以至分享权力等，都可以激发团队成员的积极性。在职场里，女性学会分享利益给别人，就能给自己带来极大的帮助。

一则寓言说：有一群猴子，发现一个高高的悬崖顶上有一串熟透了的果子，悬崖太陡峭了，仅仅靠一只猴子的力量是无法摘到果子的，于是猴子们团结起来，一个踩着一个的肩膀，搭起了“梯子”，这样，最上面的猴子摘到了果子。摘到果子的猴子忘记了自己之所以能摘到果子，完全是大家团结合作的结果，独自在悬崖上大嚼起来，丝毫不理会下面的猴子，下面的猴子生气了，撤去了“梯子”，最上面的猴子吃完了所有的果子，却怎么也找不到下来的路，最后饿死在悬崖上。

其实，在工作中也是如此，很多企业在发展艰难的时候，员工们往往可以众志成城，团结一心，共渡难关，可是在取得了一定成绩之后，原本团结的局面却往往会出现裂痕，这种可以“同患难却不能共富贵”的怪现象，几乎困扰着每一个企业，这究竟是什么原因造成的呢？很多人认为，这是因为企业员工素质差，嫉妒心重，其实不然。真正的原因就是大家不懂得分享，没有团队意识。与他人分享成功，体现的就是一种团队意识。团队就好像是棵果树，不仅在幼年的时候需要保护，在果实累累的时候也需要巩固和培育。而与他人分享成功，体现的就是一种团队分享意识。

一个懂得在工作中与人分享的女性，一定会创造出骄人的业绩。在职场，靠一个人的力量是无法面对千头万绪的工作的。团结是做好一切工作的基础。任何一个人的成功都离不开团队中其他成员的配合与支持，完全没有他人协助的个人奋斗是很难实现成功的。也正是因为这个原因，各种有共同利益的人们才得以通过不同的合作方式组建不同的团队，人们都希望能够从整个团队中吸取坚实的力量，并且在需要的时候得到团队其他成员的有力配合。因为在这个讲究合作的年代，真正优秀的员工不仅要有超人的能力、骄人的业绩，更要具备团队分享精神，为团队整体业绩的提升做出贡献。

钱慧慧是某公司的部门经理，这一年的业绩尤为突出，年底时，老板在表彰会上特别表扬了她，并在颁发奖金外，额外给了她一个红包。大会上的主持人就此事，请她谈谈心里的感受。

面对公司所有人，钱慧慧说起了自己这一年来如何兢兢业业，如何积累知识，如何提高能力，等等，可就是没有提及一句感谢上司对她的信任和重用，还有同事及其下属对她的帮助和合作之类的话。大会一结束，便一溜烟地跑了，也没有邀请同事们庆祝一下。

虽然，表面上大家都没有说什么，但从此她的上司就开始了有意的刁难，同事们也开始了有意的疏远，下属们也变得懒散，以致经常顶撞她。一段时间后，她曾经挂在脸上的春风得意笑容消失了，逐渐变成了孤家寡人。

★★★★★

有些人聪明、有才干、有创造力，但在利益的驱动下，很少愿意与别人分享自己的智慧成果，于是就有了一个新名词——独食主义。爱吃“独食”的人是不会快乐的，因为在他的眼里，任何利益他都想一个人独吞，这样做的后果必然是大家都不愿意和他在一起，疏远他。职业女性在利益面前就要懂得分享，要懂得和他人合作，吃“独食”是不可能吃出事业的。对于一些成功者来说，在面对利益的时候，他们从来不会自己吃“独食”。聪明的女性懂得和他人合作才能取得更大的利益。如果把利益比作是一块蛋糕，那么即使你得到了这块蛋糕的全部，这也不过只是一块蛋糕而已。如果你能和合作伙伴一起做这块蛋糕，那么合两个人之力，就能把这块蛋糕做得更大，即使一人一半，也比你一个人所独得的那份蛋糕要大很多。所以，当学会与人合作时，你会发现，得到的比失去的要多很多。

俗话说：“有福同享，有难同当。”当你在工作和事业上干出点名堂，小有成就时，这当然是好事，你也应当为自己高兴。但是有一点，如果这一成绩的取得也得到大家的帮助，那你千万别独占功劳，否则他人会觉得你好大喜功，抢占了他人的功劳。如果成绩的取得确实是你个人的努力，当然应该值得高兴，而且他人也会向你祝贺。但对于你来说，千万别高兴得过了头，洋洋得意，吃了独食。职场里每个人都希望自己与荣誉和成功联系在一起，如果你无视别人，就很难在职场立足。

6. 服从大局，做一个有团队精神的职业女性

什么是团队精神？所谓团队精神就是大局意识、协作精神和服务精神的集中体现，它包含两层含义：一是与别人沟通、交流的能力；二是与人合作的能力。在职场中，个人的工作能力和团队精神对企业而言是同等重要的，如果说个人工作能力是推动企业发展的纵向动力，团队精神则是达成企业经营目标的横向动力。因此，职业女性作为个体应重视大局，彼此之间密切配合。

任何行业和部门，无论其经济属性如何，都会要求其员工顾全大局，树立团队精神和协作意识，即使是自由职业者也不例外，他们也同样要与他人协作，他们的创业活动同样是整个社会实践活动的一个组成部分，也要受社会条件及其关系的制约。任何人的力量都是有限的，仅靠个人的力量是不够的，单打独斗不可能取得什么成就。虽然我们生活在一个崇尚个人创业的时代，可并不是每一个人都能够成为让别人为他工作的老板。大多数人的成功都要建立在团队成功的基础之上。

从前，有一对夫妇，在一次吃饭时，桌上只有三块大饼，两人各自吃了一块，还剩下一块。这时丈夫想吃，可是妻子不同意；妻子想吃，丈夫也不同意。最后，他们只好打赌说：“我们两个坐在这里，谁也不许说一句话。如果谁先说话，谁就输了，不能吃这块大饼。”

既然已经有了约定，为了这块大饼，他们俩便谁都不说话了。过了不一会儿，有个小偷到他们家里来偷东西，把他们家所有值钱的东西都搜罗在一起。因为有约在先，这对夫妇谁也不想先说话，于是便眼睁睁地看着小偷，一声不吭。那个小偷见他们一声不吭，便当丈夫的面调戏他的妻子。丈夫看着，还是不吭一声。

后来，妻子实在忍不住了，她只好大喊："你真是个大傻瓜啊！为了一块大饼，见了小偷也不呼喊，甚至他来调戏你老婆也不吭声，你真该死！"

丈夫见妻子说了话，拍手大笑说："哈哈！你先说话了，你输了，这块大饼该归我了，我绝不给你吃一口！"

★★★★★

这则笑话有些滑稽和极端，但笑话中的那个丈夫显然是个贪图小利而不顾大局的痴人。在现实生活中，这种因小失大、捡了芝麻丢了西瓜的事例其实比比皆是。我们应该由此受到启发，而不要像他们这样，丢失了团队的准则。

大局意识可谓优秀女性不可或缺的职业品质。一个有大局意识的员工能自觉地摆正自己在团队中的位置，能自觉地服从团队运作的整体需要，把团队的成功看作发挥个人才能的目标，这样的人绝不是一个自以为是、好出风头的人，而是一个充满合作激情、能够克制自我、与同事共创辉煌的人，因为她明白离开了团队，她将一事无成，而有了团队合作，她可以与别人一起创造奇迹。

★★★★★

在2004年的雅典奥运会上，中国女排在冠军争夺赛中那场惊心动魄的胜利恰恰证明了团队精神的重要性。奥运会女排比赛开始之前，意大利排协技术专家卡尔罗·里西先生在观看中国女排训练后很肯定地认为，中国女排在奥运会上的关键人物是身高1.97米的赵蕊蕊，她发挥的好坏将决定中国女排在奥运会上的最终成绩。不幸的是，在中国女排参加的第一场奥运会比赛中，中国女排第一主力赵蕊蕊因腿伤复发，无法上场了。外界都感叹中国女排的网上“长城”坍塌，实力大减，没有了赵蕊蕊的中国女排不再是夺冠大热门。

中国女排只好一场场去拼，在小组赛中，中国队还输给了古巴队，很多行家都不看好中国女排夺冠。

但是中国女排还是杀进了决赛，在与俄罗斯女排争夺冠军的决赛中，身高仅1.82米的张越红一记重扣穿越了2.04米的加莫娃的头顶，砸在地板上，宣告这场历时2小时零19分钟、出现过50次平局的巅峰对决的结束。经过了漫长的、艰辛的20年以后，中国女排再次摘得奥运会金牌。

那么，中国女排凭什么在奥运会上一一战胜了那些世界强队，凭什么在决赛中反败为胜战胜世界顶尖球队俄罗斯队？陈忠和在赛后接受采访时深情地说：“我们没有绝对的实力去战胜对手，只能靠团队精神，靠拼搏精神去赢得胜利。用两个字来概括队员们能够反败为胜的原因，那就是忘我。”

★★★★★

在职业生涯中，凡事必须从大局出发，以大局为重。职业女性树立以大局为重的全局观念，不斤斤计较个人利益和局部利益，将个人的追求融入到团队的总体目标中去，才能实现团队的最佳整体效益。特别是当今时代，随着企业规模的日益庞大，企业内部分工也越来越细，任何人，不管他多么优秀，想仅仅靠个体的力量来左右整个企业都是不可能的。因此，职业女性的团队精神是各项工作成功的根本保证。能不能搞好团结，是衡量和检查一个职场女性素质高低的重要标志。如果你只顾埋头苦干，不肯与他人协作，势必会影响到公司整体工作的推进。

第十章

懂得感恩，沉稳有内涵的女性人人欢迎

感恩可以让世界充满温馨的气息，让生活充满明媚的阳光。快乐是在内心，而不是外表。拥有一颗懂得感恩的心是职业女性通向快乐之门的钥匙。懂得感恩不仅会工作得更加愉快，而且所获帮助也更多，工作也更出色。

1.

感恩工作，不做自怨自艾的“林妹妹”

感恩是一种追求阳光生活的心态。在职场中，有了感恩，工作就会变得如游戏一般简单轻松，人才能够在工作中实现自我，得到满足。人的欲望是无穷的，但只要职业女性懂得感恩，懂得珍惜眼前已有的一切，便会迅速富足起来。这不是一种自欺欺人，而是一种精神的升华。

在一次企业培训会上，一家保险公司的业务主管对员工们说：“拥有感恩的心实际上并不难，比如我们向一个陌生人问路，他给我们指了路。实际上，他完全可以不理会我们，但他居然给我们指了路。所以我们必须对他、对这个世界抱有感恩的心。”

美国职业指导专家理查德·博尔斯先生说过这样的话：“我发现，当人们真正感到他们的工作是份礼物时，他们就能从工作中得到乐趣……他们也就会对自己所干的工作充满活力和激情。他们会有一种感觉，就是自己要向这个世界贡献一种独特的东西。”

对工作存有感激之情，可以改变一个人的一生。当职业女性清楚地意识到自己没有任何权利要求别人时，就会对周围的点滴关怀或任何工作机遇都抱有强烈的感恩之情。因为要竭力回报这个美好的世界，我们就会因此而竭力做好手中的工作，努力与周围的人快乐相处。结果，我们不仅工作得更加愉快，而且所获帮助也更多，工作也更出色。因此，当一个女性心怀感恩时，她不会去计较得到了多少，工作岗位有多低，每月工资有多少。只要曾经获得，即使只是一个工作的机会，也要发自内心地表达自己的谢意。

哈佛大学毕业的华裔张小姐就业于美国邮政服务公司，与她相处过的同事都对她的微笑、善良和勤劳有深刻的印象。几乎每一个和她相处过的人都成为她的朋友。

有人不解，就问张小姐有什么和人相处的秘诀。

张小姐微笑着说："一切应该归功于我的父亲，很小的时候他就教导我，对周围任何人的赋予，都应该抱有感恩的心情，永远铭记，而尽快去忘记那些不快。"

"我幸运地获得了这份工作，有很多友善的同事，上司对我的要求很严格，但是私人生活方面对我却很照顾，所有的这一切，我都铭记在心，对他们心存感激。"

"我一直带着这种感激的态度去工作，很快我发现，一切都美好起来，一些不快也很快过去。我工作得很顺利，大家都很乐意帮助我。"

在职场中，同事更愿意帮助那些知恩图报的人，领导也更愿意提携那些一直对公司抱有感恩心态的员工，因为这些员工更容易相处，对工作更热情，对公司更忠诚！在感恩的精神里，职业女性更能体味到成功的喜悦和生命的真谛。因此，优秀的职业女性应当有一颗感恩的心，带着一种感恩的心态工作才能不抱怨世界。抱怨世界，不仅会让自己生活在痛苦之中，还会阻碍自己的发展。抱怨既无法改变事实，又徒添烦恼，还会影响你的个人形象，甚至让人碌碌无为。抱怨只会让我们的思想停留在过去，只会让我们的脚步停滞不前。

季红是某公司的前台，工作比较琐碎。同事们几乎每天都会听到这样的话：“哎呀，这又是谁啊，拿了抹布也不洗干净?!”“拖把不知道放在哪儿吗?!”“每天累死累活的，老板居然对我还是不满意?!”“要不是我，那么多事谁来做呀?”……

起初大家还会附和一两句，渐渐的，所有人都开始对她的抱怨与诉苦感到头疼，有时真想提醒她一句“别说了”，但话到嘴边，碍于情面，只好作罢。季红对此也不是毫无察觉，只是她会回家继续向她的丈夫诉苦：“没有人理解我。公司里的人都太坏了，没人体会到我的辛苦付出！”

当一个人喋喋不休地抱怨时，就会引起周围人的注意。一旦出现有同感的话题，就会瓦解他人的积极想法，让其也情不自禁地加入到抱怨中来。可以说，抱怨像幽灵一样到处游荡、扰人不安。我们之所以抱怨，问题并不是出在工作上，而是出在我们自己身上。当抱怨成为一种可怕的习惯时，它的力量是巨大的，几乎可以摧毁一个人的前程。曾经抱怨过的朋友都知道，只要我们的头脑中一有抱怨的意识，我们立即就会停下或者放慢手中的工作，为自己鸣不平、拉选票，甚至不顾一切地找到对方讨个公道。如果得不到他们想要的结果，不是大骂世事不公，就是哀叹老天无眼。久而久之，不仅直接影响工作和生活，还会影响心情和心态。而真正聪明的职业女性，从不抱怨，她们总是能冷静地看待世界，从不抱怨。

在《杜拉拉升职记》中，杜拉拉在玫瑰休假时一个人包揽了两个主管和一个经理的活儿，加班加点埋头苦干，几乎没让李斯特费心，把项目搞得顺顺利利。可是，她做梦都没想到，李斯特却不认为她的功劳有多大，反而认为搬家是靠搬家公司，装修是靠装修公司，行政部并没起多大作用。杜拉拉真是吃力不讨好。遇到这样的事谁都难免会抱怨，产生抵触情绪。但杜拉拉没有这么做。她觉得自己的功劳之所以被埋没，重要的原因是缺乏和李斯特的沟通，使他没有意识到部下的工作有多繁重和艰难。于是杜拉拉立刻调整了工作方式，把主要的工作任务和安排做成清晰简明的表格发送给老板，让他对下属的工作量有个概念。遇到难以处理的问题，杜拉拉就带着解决方案去找李斯特。这一番改进之后，拉拉和李斯特之间的信任建立起来了。

聪明的女人明白抱怨的最大受害者是自己。与其做整天抱怨的“林黛玉”，不如修正一下心态，用一颗感恩的心来对待工作。心怀感恩的女性明白：工作并不是因为老板让我这么做，也不是因为我这么做就能得到多少好处，只是因为我内心有着感恩之情，我应该这么去做。正是因为有了这样没有任何理由和条件的驱动力，懂得感恩的职业女性工作起来总是那么激情四射，前途不可限量。因此，当我们对外部环境无能为力时，请不要抱怨，而要积极培养自己的感恩之心，将自我引向积极和美好的一面。

2. 敢于担当，活出职业女性的自信和尊严

一个优秀的职业女性要乐观自信，勇于担当。当工作中遇到问题，要敢于挺身而出。勇于担当的女人是自信的女人，是受欢迎的女人。乐观自信，勇于担当是职业女性美丽的源泉，它比美丽的外表更历久弥香。拥有了自信，就能让你由内而外散发出一种迷人气息，变得更有魅

力，更加美丽。

赖斯是一位镇定自若、优雅迷人、极度忠诚的女性。她是美国历史上最年轻的、也是第一位女性国家安全事务助理。作为一位政坛上的女强人，她杰出的从政之路缘自她的自信。

赖斯从小受到严格的学科训练：古典音乐、文学、语言、芭蕾和运动。父母一直以“白人文化”的标准来要求赖斯。父母的信条是：所有人都是平等的，我们不应该由于自己所属的民族而受到歧视或者偏爱。任何人的价值都不是通过肤色或性别来决定的，而是通过个人的自身成就。作为黑人，应该比白人付出更大的努力才能与他们并驾齐驱，并最终超越他们。

从知识的增长到各项技能的培养，从艺术到政治，赖斯付出了比常人更多的艰辛，也取得了比常人更大的成就。她继承了母亲对音乐的热爱，也受到热衷于历史、时事和运动的父亲的影响。平时，父母一有机会便会带着小赖斯到各所大学里走走看看，开阔她的眼界，激发她的求知欲。每当赖斯遇到挫折的时候，父母就给赖斯灌输自尊自信的意识，给予她巨大的支持和鼓励。赖斯自己也曾说：“我的父母非常有战略眼光。他们让我充分完善了自身，让我将白人世界所推崇的事情做得非常好，因此种族歧视者不能轻视我。我可以用白人社会的方式来对付他们。”

正是在这种严格并且明智的家教影响下，赖斯变得非常自信，她无论选择哪一种兴趣、特长，都能做到最好，并让她得以尽情地发展自己的兴趣爱好，尽情地追求自己理想中的精神家园。也正是在自己的不懈努力下，赖斯从一个普通的黑人小姑娘成长为一代美国政界的第一女强人。

作为美国国务卿，赖斯是有史以来美国政府里最有影响力的女性，也是世界上最著名的黑人女性之一。她有着不平凡的人生经历，做过学者、教授、教务长和外交政策顾问。在政府里，她对总统的影响力可能是最大的；在传统上由男性主宰的领域里，她是一位升迁到最高层的黑人女性。

这就是自信的职业女性赖斯，她坚信韦尔奇的一句话，“命运是不可以设定的，但是你可以管理的。”凭着这份执着，凭着这份坚韧，再加上这份自信，赖斯成功了，她给世界一个又一个的精彩，给世人一个又一个的奇迹。在这个充满物欲和浮躁气息的社会里，自信让职业女性有一种恬淡脱俗的美，自信让职业女性积极上进。因为自信让职业女性有不顾一切的动力，甚至不惜牺牲生命去达到理想目标，在这样的情况下，职业女性更容易在追梦的路上获得成功。自信让职业女性从内而外散发出一种力量，这种力量让职业女性总是以乐观积极的态度，面对人生的各种挑战。

章兰兰，1961 年出生于呼和浩特市。1979 年，她参加高考，成为内蒙古农业大学机械设计制造专业的学生。那个年代，很多人认为女性应该留在家里，但章兰兰却有一点野心，她渴望成为职业女性，不管让她做什么，她都想要做出一番事业。1983 年，刚刚毕业的章兰兰被分配到 389 厂工作，她认为是幸运的。光听“航天”这两个字，就感觉很现代化，是个干大事的地方。她是恢复高考后进入 389 厂的第二位女大学生，大多数人认为，航天，天生就是男人的职场领域，女孩子很难肩负航天重任。为此，章兰兰开始意识到，自己必须做出点成绩来，才能挺起胸膛在这个行业立足。接连发生的一些事情，让她显得与众不同，平常连男同志都不愿意干的钻炉膛、清废药等脏累险工作，她都主动请缨。为了摸清全厂的供热管线布置，她甚至猫着腰在闷热的供热地沟内钻进、钻出。在设备管理岗位上，她埋头一干就是 9 年，走遍了厂区的每个角落，近百座工房、几百台设备都装在了她的脑海里。随着业务素质和管理水平的提高，1994 年，她成长为搞机动工作的

“女处长”。2001 年，兼任生产处和安全处两个处长。2004 年，被任命为副厂长。在一些特殊行业中，很多人会对女性的能力表示怀疑，甚至女性自身也会不自信。但章兰兰却固执地认为：“工作无性别之分，做工作，不要想到自己是个‘职业女性’，而要自信、自立、自强。”

只要你自信，只要你相信自己一定可以，那你就一定可以。作为女性，在职场中做到自信自立甚至能比大多数男性职场人都做得更好。作为职业女性，一生中要扮演很多角色。而无论扮演哪个角色，没有自信心都无法成功。自信心是正确认识自己、认识他人的一个前提。山因蕴玉而辉，水因环珠而媚，女性因自信而美。在女人诸多的优良品质中，“自信”应该排第一位。心态决定一切，尤其是你对自己本人的态度，这不仅决定着每一件具体事情的结果，更决定你将面临一个什么样的命运。这就是自信的全部意义。

3. 珍惜与异性正常的工作关系，保持适当距离

从女性走入职场，走入单位的那天起，就真正接触到了社会，接触到了更多形形色色的职场人。此时可能会发现，原来身边有这么多优秀的人，其中甚至有一些让我们为之动心的成熟男性。但是请切记：工作场合要与异性保持适当距离，珍惜正常的工作关系，谨慎对待职场恋情与性骚扰。

职场中女人最经常需要打交道的人大致可以划分为三种类型：同事、上司、客户。无论从哪个方面看，和他们保持一定距离，维系良好的工作关系都是极为必要的，但发展过于亲密的关系则是不明智的。工作中掺杂过多的私人情绪，是现代职场中的大忌。在职场中，如果真遇到志趣相投的朋友，那可是你的财富。可以谈生活，谈工作，谈社会，但绝对不要谈那些无聊的事。对于女性来说，与异性同事或者异性上司相处的技巧都是她们必修的一门功课。

孟晓环大学毕业后进了一家公司上班。因为家境不错，她的成长可以说一直是顺风顺水无忧无虑。直到有一天聚会遇到“他”。他是另外一个公司的经理，后来公司又经常在一起开会，大家逐渐熟悉起来。几次接触后，孟晓环感觉他对自己态度很好，很欣赏她，自己对他的印象也非常不错，但同时也有些怪怪的感觉。一次他突然来到她的公司，孟晓环以为又是开什么会，结果他说是专门来找她出去喝茶的。孟晓环当时有点意外，但觉得既然是熟人也没什么，就跟他去了。他们一边喝茶一边聊天，聊了很多话题，发现在很多方面都能够找到共同点。此后，他接二连三地找孟晓环一起外出，后来又对她说很喜欢她。孟晓环有点惊讶，她看他的年龄不小了，感觉不可能没结婚。结果在孟晓环的询问下，他告诉她自己36岁，已经结婚并且有一个3岁的儿子。

那次接触之后，孟晓环经常接到他发来的短信，说自己有多么喜欢她。这件事让孟晓环夜不能寐，她想：如果他要是未婚，我会欣然接受，但现在他是已婚之人，会不会一时对我有新鲜感，新鲜感过了我们就不会再在一起。就这样，孟晓环虽然没有答应与他在一起，但是两个人依旧保持暧昧的关系。最终，深陷感情的孟晓环并没有守住自己的底线，怀孕了。想起他对自己曾经说过会负责任，于是打电话告诉他这个消息。没想到他在电话中却说：“你骗我呢吧，是不是想故意拿孩子来要扶我，是不是想要钱？”孟晓环听到这样的回答后，伤心欲绝，她一个人去了医院。

孟晓环怎么也想不明白，这个对她说尽甜言蜜语的男人如何在一夜之间就改变了态度？痛苦无助折磨着她的身心，最后她决定用自杀来结束这一切。幸亏家人发现得早，才救回了一条命。

★★★★★

面对职场恋情，职业女性不要天真地以为会帮助你在职场上站稳脚跟，更不要幻想用自己年轻的容貌和身体去交易高薪和职位。请记住，有些人玩弄了你，非但不会给你升职加薪，还会传出很多关于你的流言蜚语，让你吃不了兜着走。对此，我们唯一能做的就是洁身自好，保护好自己！

★★★★★

刘小姐是某房地产公司的总经理秘书。近来，上司总会试探性地让刘小姐做一些事，让她苦恼不已。比如，上司有时候会说自己很累了，能不能为他按摩一下肩膀，或者晚上单独留下她一起加班、谈心。一天加夜班时，上司趁周围无人之际将刘小姐强行按倒在办公桌上，刘小姐一开始还试图劝说上司，但见形势不妙便高声惊呼引来了值班保安，才得以逃脱。

★★★★★

性骚扰是个世界性话题，无论是观念开放的欧美，还是言行较为保守的亚洲，发生在街道和办公室内，以及其他场所的轻重不一的性骚扰事件均在与日俱增。对于白领丽人来说，这种危险和威胁更大。任何娇美女子，均要重视与学会一整套应对性骚扰的办法。如果对方的行为已严重威胁到你的安全，你可以大声呼救，用手、脚、牙等打击对方的要害部位。只要你拼力反抗，对方的企图一般难以得逞。事后，你还可以用书面或口头的形式告发上司或同事的卑劣行为，如果你的女同事也曾遭到和你一样的骚扰，你最好联合她们一起控告，这样成功的把握更大。

总之，面对职场异性，你要学会自爱。比如白领丽人一定要学会适当地“藏美”，平时上班不要穿过于暴露的服装，举止行为要端庄，让别人对你的感觉从外表美转向知性美，尽量展示自己理性、聪慧、干练的一面。此外，还要消除贪小便宜的心理，不要轻易接受异性的单独邀请与馈赠。

4. 乐于助人，积攒社会的正能量

在职场中，每个人都有遇到困难的时候。如果人人都献出一点爱，世界将变成美好人间。职业女性乐于助人是奉献社会的一种最常见的方式，是良好职业道德的必备品质。当职业女性将奉献当作人生追求的一种境界时，我们就会在工作上少一些计较，多一些奉献；少一些抱怨，多一些责任；少一些懒惰，多一些上进。我们就能享受工作给自己带来的快乐和充实感。有了这种境界，我们就会倍加珍惜工作，并抱着知足、感恩、努力的态度，把工作做得尽善尽美，从而赢得别人的尊重，取得岗位上的竞争优势。

★★★★★

这个故事发生在美国的一个小镇上。一个夜晚，刮着北风，透着刺骨的寒冷，一对老夫妻步履蹒跚地走在街上。由于夜深了，天气寒冷，很多旅馆不是人已经满了，就是早早关了门。这对老夫妻，又冷又饿，希望尽快找到住处。

当他们来到路边一间简陋的旅店，店里的小姑娘充满歉意地说：“店里客人都满了。”

“我们找了好多家旅店，这样糟糕的天气，我们该怎么办呢？”屋外，呼呼刮着寒风，眼看就要飘起雪花了，让这对老夫妻非常发愁。

店里的小姑娘不忍心让这两位老人再继续受冻，她说：“如果你们不计较的话，今晚就住在我的床位上吧，我自己在店堂里打个地铺吧。”

小姑娘见他们饥寒交迫，又给他们端来热水和热乎乎的饭菜，为老夫妻铺好了床。老夫妻非常感激。第二天，老夫妻付了双倍的客房费，但小姑娘坚决不要。她说：“我仅仅做了一件自己力所能及的事情，让这么大年纪的人在风雪中受冻，任何人都于心不忍。”

临走时，老夫妻拍着小姑娘的肩膀，语重心长地说：“小姑娘，只有像你这样的品质，这样经营旅店的人，才有资格做一家五星级酒店的总经理。”

“那样太好啦，呵呵，”小姑娘并没有在意，“起码总经理的收入可以更好地养活我的妈妈啦。”她随口应和道，哈哈一笑。

没想到，两年后的一天，小姑娘收到一封来自纽约的信件，信中夹有一张往返纽约的双程机票，并邀请她去拜访一对老夫妻，而他们就是当年睡在她床位上的那两位老人。

小姑娘来到纽约，老夫妻把小姑娘领到最繁华的街市，指着那儿的一幢摩天大楼说：“这是一座专门为你兴建的五星级宾馆，现在我正式邀请你来当总经理。”

★★★★★

这个故事也许你看过不止一次，但年轻小姑娘助人为乐的精神却总是能唤起人们对职业道德的深思。而这位年轻姑娘也因为一次举手之劳的助人行为，美梦成真。小姑娘不仅得到了好的职位，也得到了别人的信任。小姑娘是幸运的，但是她的幸运不是上帝赋予的，是来自她助人为乐的高贵品质。不要小看我们生活中小小的善举，对于他人来说，却是可以和生命一样重要的东西。四处播撒善念善行，那些善良的人也会感恩于你。

对于职业女性来说，乐于助人也是一种社会正能量。在他人急需的时候，能主动热情地给予帮助和照顾是人际交往中的一种高尚行为。社会的发展需要“正能量”，构建社会主义核心价值观理论体系需要“正能量”，全面建成小康社会更需要“正能量”。“正能量”需要我们每个人去释放！

★★★★★

2005年8月28日，在陕西省洛川县境地内的210国道上，一辆西安旅游集团的中巴车正在平稳地行驶着，车上是来自湖南的一个旅游团队。刚刚吃过午饭的游客有些昏昏欲睡，谁也没有想到，下午2点35分，就在一个急转弯处，对面一辆装有四十吨煤的大货车突然超车，以极快的速度冲了过来。

一场突如其来的车祸，让原本充满欢声笑语的车厢顿时陷入了极度的恐慌之中。旅游大巴车被撞得严重变形，车内血肉模糊，乱作一团。危急时刻，坐在车厢第一排的导游文花枝鼓励大家坚持住，一会儿就会有人来救。当时身受重伤的文花枝声音虽然微弱，却十分地沉稳、坚定，像黑暗中的一线亮光束，让惊魂不定的游客从死亡的噩梦里看到生的希望。事后许多亲历者都说，正是文花枝在关键时刻挺身而出给大家支撑下去的勇气。

其实，在这起6人死亡、14人重伤、8人轻伤的重大交通事故中，文花枝也是伤得很重的一个，但重伤的她一直牢记着自己的神圣职责。当施救人员一次次向她走过来，她总是吃力地摇摇头说：我是导游，我没事，请先救游客！

在长达两个多小时的救援时间里，她多次昏迷，但只要一醒过来，就不停地为鼓励大家要有信心。文花枝是最后一个被救出来的。她左腿9处骨折，右腿大腿骨折，髋骨3处骨折，右胸多处肋骨骨折。由于延误了宝贵的救治时间，医生不得不为文花枝做了左腿截肢手术。

当时的文花枝才20多岁，正是一个女孩最宝贵灿烂的青春年华。半个多月后，得知自己失去了一条腿的残酷事实，出事之后一直没有流泪的文花枝流泪了。这个美丽的年轻姑娘，左腿从膝盖处被截掉。劫难之后，对于未来的憧憬和设想都被打乱。记者问她："你后悔吗？"文花枝笑着说："我只是做了自己应该做的。"也就是从这天起，文花枝还是像从前那样，总是用微笑面对一切。

★★★★★

文花枝在带团途中遭遇车祸，身处险境，当营救人员想先把坐在车门口第一排的文花枝先抢救出来时，她却没有先救自己，把生的希望让给别人，表现了一名导游高度的工作责任感，是我们学习正能量的楷模。对于职业女性来说，乐于助人，积攒社会的正能量是一种爱的体现，它充满了人性的光辉，闪烁着爱的光芒。它无论大小，不分你我。它融会和渗透在日常的工作和生活中。它并不需要我们多么富有，每一个人都能做到的，而且是一个社会公民都应该做到的。这个社会无时无刻不需要我们的善举，正是因为无数平凡人的助人为乐，我们的社会才变得如此幸福和谐。

5. 克服虚荣心，不攀不比

人在职场，有许多人在一起工作，总免不了比一下，今天可能是比谁的衣服好看，明天可能是比谁赚的钱比较多，后天又比某某男友或女友是富二代，总之能攀比的内容各种各样。有人说攀比是不好的情绪，会让人因为攀比迷失自己，对于事情的看法过于执着。但事实上攀比是让人进步的源泉，正因为有攀比这样的心态存在，人才会为了追求自己的目标，而前进与奋斗。但职业女性攀比时千万别光顾着眼红别人，自己没有任何行动，那就显得太盲目了。攀比是进步的原动力，区别只是攀比后的心态和行动，一味不平，找不到原因，什么都不做，留在心中不是阵痛、折磨就是愤愤不平，之后，那结果便可想而知。如果攀比后发现自己的短处，立即行动，迎接你的便会是成功与掌声。

程佳是外企一名白领，工资很高。可是她突然决定要换工作了。原因就是和她一起进入公司的同事李平要升职了。

原来，不论何时何地何事，程佳总喜欢自觉不自觉地同别人攀比一番：自己买了件新衣服，想方设法地到同事面前显示一番；自己的孩子考试得了第一名，她也以最快的速度让同事知道；家里买了私家车，她也开着去上班，在同事面前炫耀一番。而一旦看到别人的某些方面比她更优秀，她心里就像打翻了五味瓶，不是个滋味……

有个女同事，找了一个长得英俊的男朋友，她心里受不了了，千方百计地打听同事男朋友的情况，后来得知对方是离了婚的，还有一个六岁的女儿时，她才释然，觉得男方再帅再优秀，也是个二婚。

她在大学同学的聚会上，听说班上成绩不如她的一个男生，和她一样在外企，但工资比她高时，她觉得自己吃亏了，就想跳槽。私下里投了几份简历，也面试过几次，都因为没有目前的工资高而不得不暂且放弃。而同事李平的升职，让她又决定换工作了。

在她眼里，李平几乎一无是处：人长得不漂亮，也不会穿衣服；说话声音不好听；人比较笨，别人花一天的工作，李平得花一天半；对工作兢兢业业到经常在家里加班……程佳甚至觉得李平和自己真是没有可比性。

可就是这样一个让程佳瞧不起的人，居然被公司提拔为主管，不但职位上升，工资也涨了五百，加上李平工作很努力，每个月的业绩都比程佳高，所以，拿的提成也比她多。如此一来，一个月李平比程佳多拿几千块钱。这么一比，让程佳心里极度不平衡。

一连好几天，程佳都不理李平，也没有心思好好工作。看到她状态不好，身为部门领导的李平就找她谈话，原意是想为她排忧解难的，没想到程佳趁此机会把李平狠狠地讽刺了一顿，盛怒之下的程佳言语极其尖刻，竟然说李平的高职位、高薪是靠"年轻貌美"上位的。

程佳一气之下的话除了给李平带来痛苦外，她本人也遭到公司领导的批评。加上平时程佳经常因为与同事攀比而与人争吵，所以，她的人气在办公室大跌，许多同事都躲着她。在四面楚歌中，程佳只得辞职走人。

令程佳更难过的是，新找的工作不是工资低，就是太累了，与她之前的外企工作比起来，简直是天壤之别。这么一比，她只有继续找工作。现在，程佳找工作快半年了，仍然没有合适的。

★★★★★

职场"攀比"很容易让人陷入无休止的攀比状态，会让自己在职场中处处争强好胜，时时惦着出人头地，生怕自己某些方面落在别人后面或技不如人。时间长了，不但会导致心理失衡，影响身心健康，还严重影响自己的职业前程。身处职场的女性，千万不能有这样的攀比心态，因为好的工作业绩是靠自己脚踏实地做出来的，而不是通过攀比比出来的。要让自己摆脱这种职场"攀比诱惑"，就得克制情绪，不要让虚荣心来阻挡职业前程。

★★★★★

辛迪娜是欧洲著名的女高音歌手。一次演唱会之后，她刚和丈夫、儿子一起走出剧场，便被观众们重重围住。人们无法掩饰心中的羡慕和崇拜，有人恭维她，说她刚大学毕业就进了国家歌剧院，担任重要演员，才30岁就走红全球；有的羡慕她嫁了一个事业成功、腰缠万贯的丈夫；有人赞美她的歌唱天赋，30岁时就跻身世界十大女高音之列；还有人说她真是好福气，有一个俊俏可爱的儿子……

辛迪娜听后，只是微微一笑，缓缓地说："谢谢大家对我及我家人的关心，我十分愿意在这方面和大家一起分享快乐。只是你们有所不知，我的儿子在五岁那年不幸丧失了听力；而他的姐姐，则是一个需要长年关在房间里的精神分裂症患者。"

在场的人无不大惊失色，面面相觑，不知应该说什么好。

辛迪娜又心平气和地说："其实这并没有什么，只能说明，上帝是公平的，他给每个人的都不会太多。"人们又陷入了无限的沉思中。

★★★★★

生活何尝不是同样的乖戾，倘若某个职业女性的单项特别地优越，她人生的另一个重要项目缺憾往往也特别的大。或者，正因为无可弥补的缺憾，才让她发奋追求优秀。职业女性常常羡慕其他人，羡慕别人的财富、家庭、名誉，相比之下总会抱怨自己生活的平凡、乏味，却没想到，自己拥有的也许正是别人羡慕的。爱慕虚荣只会令你更加痛苦。抓住已经拥有的幸福，平静地看待生活，职业女性将会生活得更加心满意足。

那么，职场中，我们应该如何克服虚荣心呢?

第一，要正确对待自己的虚荣心。

每个人都有虚荣心，都有对名誉、金钱、地位的追求。但是要有一种正确的态度和认识，自己对它们的需求应是合理的，这种追求必须与自己的能力相符合，不可以不切实际。如果过分追求力所不能及的东西，挫败感会很大，那么虚荣心会越来越强，并且有可能做出一些可怕的举动来。

第二，要自我控制。

人的一生中有各种各样的需求，并且因为人的欲望，需求总是无止境的。这时候虚荣心也会越来越膨胀，因此要学会自我控制。控制过分的欲望，是非常重要的。在想要得到某样东西前，可以自问一下，我真的需要它吗？它对我真的有用吗？如果答案是否定的，那么这个时候就要学着控制自己，这样才不会使你的虚荣心泛滥。

第三，进行正确的比较。

人经常会与别人比较，比衣服、比钱、比地位、比能力……但比较要合理，不能过分。不要与别人比较吃、穿、住、行等物质上的东西，而是要比较付出和收获。要根据自己的实际情况来设定目标和需求，不要盲目地攀比。

第四，要自尊自重。

有的人为了满足自己的虚荣心，为了追求物质上的享受，很轻易地把身体甚至灵魂出卖了，这是对自己的不尊重。一个人连自己都不尊重，那么别人还会尊重你吗？只有自重，别人才会尊重你。

6. 学会知足，保持阳光心态

职业女性真正做到知足，工作起来才能多一些从容、多一些乐趣。老子在《道德经》中说“祸莫大于不知足”，讲的就是知足常乐的道理。孟子说：“养心莫善于寡欲。其为人也寡欲，虽有不存焉者，寡矣；其为人也多欲，虽有存焉者，寡安。”说的也是知足常乐的道理。知足是一种处世态度，更是一种积极完成工作的方法。当我们忙于追求、拼搏而迷失方向的时候，知足常乐是一个避风的港口。

一天一只美丽的天鹅落在地上，看见了一只健壮的鸭子，立刻被这只帅气的鸭子所打动。于是，天鹅向鸭子表明了爱意。受宠若惊的鸭子立刻接受了这份爱。

从此，天鹅与鸭子在土地上生活着，在泥塘边生活着。天鹅让鸭子学会飞翔，鸭子虽然很努力地去学，但终归是只鸭子，最后还是失败了。

鸭子说：“亲爱的，你抓住我，带我去飞吧。”

天鹅抓住鸭子，扇动翅膀，非常吃力地飞上了蓝天，在天上飞了一会儿就落地了。

在那之后的日子里，鸭子每天都要求天鹅带他飞上天，而且要求飞翔的时间也越来越长，贪心越来越重。疲惫的天鹅因为爱着鸭子，虽然身心俱疲，却依然会答应鸭子的要求。

这一天，鸭子又让天鹅带他飞上蓝天，天鹅勉强抓住鸭子飞上了天，飞得很高，很高，很高，然而天鹅实在承载不了鸭子的重量，最后不得不松开了抓住鸭子的手……

做人要懂得知足，莫要贪恋太多。人的欲望是无穷的，就像是一个永远也填不满的无底洞，如果人们总是为了名、为了利而上下奔波，为了钱、为了权而日夜烦恼，让种种不断攀升的欲望，驱使着我们努力去工作、去赚钱，结果只能是生活节奏越来越快，钱虽然越来越多，但是我们也陷入了一个越来越深的痛苦深渊，到最后不仅期望的快乐不会如期到来，反而会沦为欲望的奴隶。所以，永无止境的欲望就像是一碗致命的毒药，无论谁喝了都无药可医。

人要知足，才会心静如水，一颗平静如水的心，会让我们拥有一片湛蓝的天空，一方悠闲的心灵净土。世界上没有什么东西是永恒的。钱财名利，像足球一样，圆圆的，今日可能滚向这一边，明日也许会到那一边。当职业女性这样去评判世事时，便不会为某人一时一事的发迹而眼红。当我们用知足的态度去面对生活，你会发现，生活中不如意的事情变少了，自己的心情也越来越好了，自然就会容光焕发，美丽动人。

因此，职业女性要学会知足，不去刻意地和别人盲目攀比，时刻保持一种平和的心态。如此你便拥有了“淡泊明志，宁静致远”的人生境界，不为俗世名利所染，宠辱不惊，物我两忘，才能享受平淡带来的幸福和欢乐。

附录：测一测你的职场受欢迎程度

你在职场受欢迎吗？欢迎度主要来自亲和力，亲和力是一个女性的必备素质，是人际关系的黏合剂。要想知道你是否具备亲和力，那就赶快测试一下吧。

1. 近期工作很多，你的下属却在此时提出请假，而且是因为私人的事情（对他来说很重要），你会怎么做呢？

A. 由于太忙，不予批准

B. 告诉他你很想帮助他，但现在实在是太忙了

C. 给他一定的时间，让他安心处理好事情，并尽可能地给予帮助

2. 假如你是刚上任的部门经理，你会怎样处理与下属的关系？

A. 公是公、私是私，不与下属有过多私人交往

B. 新官上任三把火，对下属严格要求，树立自己的威信

C. 主动与下属交朋友，参加集体活动

3. 作为经理，在实施重要计划之前，你认为：

A. 先取得下属赞同

B. 自己要有魄力决定一切

C. 应该由下属决定一切

4. 你对下属的看法是：

A. 对能力较差的下属应多监督

B. 应亲近能力较强的下属

C. 应以平等的态度对待每一名下属

5. 如果你是经理，你的下属生病请假了，你会怎么做呢？

A. 利用业余时间去照顾他，希望他早日康复

B. 打个电话问候一下

C. 一听说他生病了就去看他

6. 你是经理，一位下属向你献上有关提高效率的建议，他的建议是你过去已想过并打算实施的，那么，下面哪种方法较好？

A. 告诉他你真实的想法，但也对他给予充分的肯定

B. 闭口不提你以前的想法，只赞扬他的合作精神

C. 告诉他这是自己早就想到的，并且正准备实施

7. 你是经理，你的下属在工作中出了错误，而且错误给公司带来了很大的损失，公司上层准备严肃处理，此时，你会怎么办？

A. 让下属认识事情的严重性，让他作自我检讨

B. 安慰犯错的下属，告诉他谁都可能犯错

C. 与下属一起思过，主动与下属一起承担责任

8. 你希望一位执拗的同事按你的建议去做，应怎么办？

A. 尽量使他认识到建议至少有一部分出自他的头脑

B. 尽量找出他建议中的问题，让他主动放弃

C. 说出自己建议的优点让他接受

9. 假设你是鞋店老板，有位女士来你店中买鞋，由于她右脚略大于左脚，总也找不到她能穿的鞋，你觉得应该如何解释，你会如何措辞？

A. 女士，你的右脚比左脚大。

B. 女士，你的左脚比右脚小。

C. 女士，你的两只脚不一样大。

10. 关于对下属进行赞扬和批评，你的看法是：

A. 对犯错的下属要严厉批评，以免重蹈覆辙

B. 经常赞美下属，使他们积极地工作

C. 慎用赞美，以免下属过于骄傲自满

参考答案：

1. C　2. C　3. A　4. C　5. B　6. A　7. C　8. A　9. B　10. B

测试结果：

答对6题以下：说明你的受欢迎度较低。你应该在生活中、工作中多多培养自己的亲和力，与人为善、平易近人，都应是你的座右铭。

答对6~8题：说明你的受欢迎度一般。但也不必气馁，在工作中你应与同事打成一片，和他们建立深厚的友谊，只要具有深厚的友谊，谁又能说你不具备亲和力呢？

答对8题以上：说明你具有较高的受欢迎度。如果你成为了领导者，你会注意与下属交往时的话语，你关心下属、勇于承担责任，你与员工之间存在着浓厚的友情，在你的领导下，团队内部气氛和谐。可以说，你会是一位受大家欢迎的职业女性。